上外国际管理丛书

教育部人文社科项目"基于注意力基础观的 NGO 对企业环境行为关注研究"（14YJC630065）

跨国公司与中国企业的绿色管理

全球产业关联对本土企业绿色管理的影响机制研究

李　茜　著

U0313487

企业管理出版社

图书在版编目（CIP）数据

跨国公司与中国企业的绿色管理：全球产业关联对本土企业绿色管理的影响机制研究/李茜著. —北京：企业管理出版社，2015.6

ISBN 978 - 7 - 5164 - 1062 - 2

Ⅰ. ①跨…　Ⅱ. ①李…　Ⅲ. ①跨国公司—企业环境管理—研究 ②企业环境管理—研究—中国　Ⅳ. ①X322

中国版本图书馆 CIP 数据核字（2015）第 107702 号

书　　名：跨国公司与中国企业的绿色管理：全球产业关联对本土企业绿色管理的影响机
　　　　　制研究

作　　者：李　茜

责任编辑：丁　锋

书　　号：ISBN 978 - 7 - 5164 - 1062 - 2

出版发行：企业管理出版社

地　　址：北京市海淀区紫竹院南路 17 号　　　邮编：100048

网　　址：http://www.emph.cn

电　　话：总编室（010）68701719　发行部（010）68701816

　　　　　编辑部（010）68414643

电子信箱：80147@ sina.com

印　　刷：北京天正元印务有限公司

经　　销：新华书店

规　　格：170 毫米×240 毫米　　16 开本　　12 印张　　196 千字

版　　次：2015 年 6 月第 1 版　　2015 年 6 月第 1 次印刷

定　　价：59.80 元

丛书前言

上海外国语大学(Shanghai International Studies University, SISU), 简称"上外", 是教育部直属并与上海市共建、进入国家"211工程"建设的全国重点大学。秉承"格高志远、学贯中外"的校训精神, 培养了一大批外交官和国际企业家, 蜚声海内外。现已发展成一所培养高端国际型特色外语人才的涉及文、教、经、管、法五大学科的多科性、国际化、高水平特色大学。

上外国际工商管理学院(以下简称"上外管院")以"无国界的世界, 无国界的管理"(Borderless World, Borderless Management)为愿景, 肩负"培养复合型的国际工商管理创新人才, 并为企业、政府等组织的国际化经营、管理和治理提供智力支持"的使命, 努力培养和提供拥有全球视野、人文情怀、外语特长、实践能力, 并能够畅达进行跨文化沟通的高端无国界的管理人才和服务。上外管理学科自1985年创办30年来的发展, 体现出鲜明的基于"无国界管理"理念的"复合型""国际化"和"创新性"的办学特色。

一、学生、教学与"复合型"

30年来, 上外管院创新出以培养"管理+外语"复合型、高端国际工商管理创新人才为目标的管理学教学模式。上外管理学科的专业和方向涉及本、硕、博三个层次, 横跨工商管理、管理科学与工程、公共管理三个一级学科, 初步奠定了未来上外管理学科发展的坚实基础。

上外管理学科源自1985年创办的"工商管理"专业(1985年, 原名"外事管理", 1993年曾更名"国际企业管理", 1999年又更名为"工商管理"), 随后开设了"会计学"(1989年, 原名"国际会计")、"信息管理与信息系统"(2001年)、"公共关系学"(2006年)等管理类本科专业; 并分别于1998年、2009年和

2011 年获得了"企业管理二级学科硕士点""工商管理硕士(MBA)"和"工商管理一级学科硕士点"学位授予权。该一级学科被列入"上海外国语大学重点学科""上海市一流学科(B 类)建设规划"，其下还设有"技术经济及管理""公共关系学"等二级学科硕士点。MBA 下设整合营销与公共关系、跨国经营与跨文化管理、全球时尚与奢侈品管理、国际金融与财务管理、综合工商管理等方向。自 2006 年起，管理学科的部分教授借助上外的"国际关系"博士学位授予权点开始招收"国际公共管理与公共关系/跨文化沟通、治理与管理方向"的博士研究生。

全院现有在校生 1300 人，其中本科生近 600 人，攻读学术学位的研究生 60 人，专业学位(MBA)研究生 600 人，博士方向学生 5 人，国际生 40 余人。学院采取复合型的教学模式：本科专业课程覆盖国内外相关专业的全部核心课程；英语水平要求达到上外英语专业的毕业水平，即专业英语 8 级。MBA 的"全球时尚与奢侈品管理方向"要求学生掌握与目标品牌相关的"第三语言"。学院相当多的专业课程采用原版教材进行双语或全英语授课，拥有上海市全英示范课程 7 门。上外管院"复合型"的办学特色使得其培养的毕业生尤其适应以外语作为工作语言的跨文化商务环境的需要，有的已成为世界 500 强中国公司最年轻的 CEO。

如此的教学模式获得了社会各界的高度认可：学院随学校常年招生，分数在上海名列前五；常年就业排行榜在美国盖洛普排名中名列全国前五。学院常年就业率名列全校前茅。与上财大合作的"国际会计"项目获得国家教学成果二等奖。2004 年在教育部的整体评估中获得"优秀"。相关专家在全面考核上外经管类教学状况并走访用人单位后认为：该学科培养的人才符合需求、方案符合定位、结果符合计划。在此基础上，这一教学模式近期又向培养专业研究生方向延伸。2009 年，上外管理学科在全国 116 所申办院校中以第 1 名的成绩获得 MBA 学位点；2011 年在上海市 17 所申办院校(工商管理与应用经济学大类)中又以第 1 名成绩获得工商管理一级学科硕士学位授权点，打造源于东方的新一代高端无国界管理人才。

二、师资、研究与"国际化"

30 年来，上外管院形成了聚焦于全球化、跨文化和国际战略管理等若干前沿性科学研究方向。"国际整合营销与公共关系""跨国经营与跨文化管理"以及目前正在打造的"全球时尚与奢侈品管理"等研究方向,不仅紧贴了我国经济快速发展过程中不断创新的管理实践,也有意识地对接了国家和上海地区的经济社会发展战略。

学院现有 60 名全职教研人员,其中教授 6 人、副教授 20 人,境外全职教授 1 名,另外聘有境内外企业导师及兼职教授 50 余名。拥有博士学位者达 80%,90% 的教师都具有国外学习或工作的经历。学院多人入选国务院特殊津贴、曙光学者、浦江计划等各类人才计划,多名教师在国家知名学术协会中任正副会长、秘书长、学术委员会主任并担任核心期刊的编委。学院为"教育部工商管理类专业教学指导委员会委员""上海市工商管理专业学位教育指导委员会副主任""教育部公共管理类其他专业教育指导分委员会主任""全国公关专业院长(系主任)联席会议委员会主任"单位。

上外管院设有"东方管理与跨文化研究中心""中外公共关系研究中心""神经管理与多语种信息管理研究中心"等研究机构。已形成一些在国内外具有学术影响力的专业和研究方向:公共关系学科建设在全国处于领先地位,与上海市公共关系协会合办的"上海公关国际论坛"两年一届,目前已经举办 6 次;跨文化管理研究方向为境内学术高地,主办的"跨文化管理国际学术研讨会"两年一届,目前已经举办 3 次,跨文化管理大师 Hofstede 父子欣然与会;与上海纺织(控股)集团联合成立的"上海时尚研究院"正在筹备两年一度的"上海时尚论坛"。

学院教师积累了一批优秀的学术专著、论文和咨询报告,形成了多个高质量的学术研究团队:《中国公共关系专业标准》《中国公共关系发展报告》(中英文版)、《全球跨文化管理研究报告》被誉为业界专业标准和权威报告。目前学院教师共承担国家社科基金、国家自科基金、教育部人文社科项目、上海市哲学社会科学规划项目、中欧高教合作研究项目(欧盟赞助)、美国富布莱特基金项目等 30 余项。《区域国别管理》《基于世界文明体系的全球管理模式》《基于大数据和神经管理学的企业跨国经营智能服务平台》等项目的系统研究已经启动。

学院还创刊了国内公共关系学科首部学术期刊《公共关系学报》和《跨文化

管理研究》杂志，并会同交大、同济、中欧国际工商学院成为上海市管理科学学会机关刊物《上海管理科学》杂志的承办单位。多篇案例获得"全国百篇优秀管理案例"并入选"加拿大毅伟商学院案例库"。

三、创新、实践与"无国界"

30 年来，学院坚持以"管理·创新·实践"为院训，特别注重学生的创新精神与实践能力的培养，以全球创新实践为抓手强化了学科的无国界特色。

近年来，上外管理学子在全球创新实践方面的竞赛中频频亮相，并屡屡获奖。累计 300 余人次参加"圣加仑国际管理论坛（ISC）""全球赛扶创业大赛（SIFE）""艾赛克国际学生实习（AIESEC）""哈佛双极年会"和"模拟联合国"等活动，多项获中国赛区冠军。学院还汇编了《管理从身边走向世界：学生创新实践成果集》（100 万字，6 版），受到教育部工商管理、公共管理教育指导委员会领导、教育部副部长、联合国副秘书长的高度评价。

上外管院无国界的办学理念和优秀的办学环境也吸引了来自世界各国的留学生。学院大力推进国际化战略，积极拓展国际交流，与欧美等国家的多所高校和研究机构建立了各种形式的学术交流、教学合作、学生互换、教师互访项目，每年都有教师和学生被派出交流。学院本科生、硕士生海外交流比例分别超过 30% 和 40%，MBA 学生国际游学比例（含个人结合工作岗位的全球行动学习）达到 80%。

上外管院注重院企合作，定期举办"CIB 高管论坛"、雪梨堂、MBA Mentor-Mentee 项目等，邀请国内外知名企业家举办讲座。学院还成立上海外国语大学校友会管理分会，在麦可思—上外 2013 届大学毕业生社会需求与培养质量调查中，满意度最高的院系是国际工商管理学院（100%）。与多家知名企业签署专业实习基地，成为许多国际知名公司、跨国银行的人才储备首选单位。《国际工商管理学生创新实践能力培养》获"上海市教学成果奖"及英国创业教育协会颁发的"NECG 中国赛区最佳案例"。

目前呈现在大家面前的《上外国际管理丛书》，汇聚了我院教师在国际管理学领域的最新研究成果。有专著、编著和译著；有中文论著，也有英文论著；有理论论述、论文汇编，也有案例分析。我们希望通过丛书的方式，加强与国内外学术同行的交流、分享与合作。2014 年,上外管院正式成为 AACSB(国际精英商学院协会)会员学院。学院将继续努力,将上外管院建设成为特色鲜明、具有一定全球知名度和美誉度的国际型商学院。

范 徽

上海外国语大学国际工商管理学院院长、教授、博士、博导

上海市公共关系协会学术委员会委员兼秘书长

上海市 MBA 教育指导委员会副主任

中国管理现代化研究会管理案例研究专业委员会委员

教育部公共管理类专业其他专业教学指导分委员会秘书长

教育部工商管理类专业教学指导委员会委员

摘　要

　　21 世纪以来，全球气候变化、生态环境遭受破坏，使得企业的可持续发展日益受到学术界、实践界的关注。跨国公司既是推动经济全球化的主要力量，也由此成为了全球性问题的主要承担者。为了应对多元利益相关者，或者出于培养绿色竞争优势的考虑，众多跨国公司已经开始实施高水平的绿色管理。由于跨国公司强大的经济影响力和全球范围的资源配置能力，其环境行为的影响力也逐步渗入到世界范围。另一方面，新兴市场本土企业原本所处的发展阶段可能尚未普遍达到积极自觉进行环境保护、实施绿色管理的水平，正是由于加入了全球价值链同跨国公司建立了关联，使得本土企业提前或加速达到国际标准的绿色管理，本文称这种现象为"绿色管理的溢出效应"。这种溢出效应对于中国社会、经济以及企业自身发展都是积极的、正向的，所以对这一现象进行研究具有较大的理论价值和现实意义。

　　以往文献较多地考察跨国公司对世界各国经济、技术创新的影响力，对于社会责任特别是环境保护影响力的研究较少。本文的目的则是研究跨国公司的绿色管理是通过哪些渠道影响本土企业的，主要包括以下几个问题：跨国公司的绿色管理溢出渠道有哪些？跨国公司绿色管理在这些渠道中的传递机制是什么？这些渠道中哪些因素会促进本土企业绿色管理的发展？政府和非营利机构在这些渠道中起到了什么作用？

　　在文献回顾的基础上，本文运用资源依赖理论分析了跨国公司对本土企业绿色管理战略的影响机理，分析了由于跨国公司在供应链中特有的权力地位，利用客户资源、公共关系资源以及政府政策资源对本土企业绿色管理施加的影响。接下来，本文构建了跨国公司绿色管理向本土企业溢出渠道的概念模型，分析了水平关联、后向关联和前向关联这三种渠道对本土企业绿色管理水平的影响。同时分析了绿色管理吸收能力、行业竞争强度以及行业污染程度这三个变量对上述影响的调节作用。

围绕概念模型本文对跨国公司绿色管理的水平、后向和前向溢出渠道进行了经济学博弈论分析和数值模拟。研究发现跨国公司会促使本土企业的绿色管理产生，并且消费者对产品绿色性能的认可以及政府对行业环保进入标准的设定，都会促进本土企业的绿色管理，但是，如果存在竞争对手效仿绿色管理瓜分市场份额，则企业实施绿色管理的积极性会降低。

为了检验概念模型的现实存在性，本文运用动态面板数据模型进行了实证分析，检验模型中提出的假设。具体结论为：①跨国公司的水平关联、后向关联和前向关联这三种渠道均会对本土企业的绿色管理水平产生正向影响。但是这种正向影响在当期并不明显，而会在滞后一期中显现出来。②本土企业的绿色管理吸收能力对水平关联和后向关联渠道中产生的溢出效应有正向调节作用，但对于前向关联的调节作用并不显著。对于前向关联的调节效应不显著的原因可能在于跨国公司同本土企业的前向关联中，基于绿色管理的合作性内容较多，这种合作性内容通常是较为前沿的，本土企业起点较低的绿色管理吸收能力对这种前沿性的绿色管理内容支持力较弱。③行业竞争程度的调节作用均不显著，这可能因为虽然绿色管理能为企业带来长远的核心竞争优势，但由于实施绿色管理初期投资额较大，处在竞争激烈行业中的企业也要考虑成本因素。④行业污染程度对后向溢出效应的调节作用不显著，对水平溢出效应和前向溢出效应的调节作用为负。该结论与概念模型中的假设相悖，主要原因可能存在一些跨国公司仍然将中国视为"污染避难所"，将高污染、能耗高的产业转移到我国，也可能是由于行业污染程度较严重的企业实施绿色管理的成本也较高，企业可能不愿意进行高额的绿色投资。

本文可能的创新之处在于，在内容方面提出了跨国公司绿色管理溢出效应的概念，这是对技术溢出效应的一个借鉴和突破，并且构建了包括水平关联、后向关联和前向关联这三种溢出渠道的理论模型，是对原有的外商直接投资理论的一个扩展。另外，本文还运用资源依赖观考察了政府、非营利组织在推动企业绿色管理中的作用，在理论上丰富了资源依赖观的解释力。在方法上，本文结合了博弈论分析和实证分析两种方法，既描述现实存在的实际情况，也提供了今后发展的理论最优解,使得研究结论更加准确和完善。

限于研究者本身的学术水平及现实条件,本文仍然存在许多不足之处,最后部分本文提出了研究的局限性以及未来可能的研究方向。

关键词:绿色管理,跨国公司,溢出效应,溢出渠道,资源依赖观

Abstract

Since the twenty-first century, global climate change, the destruction of the ecological environment and the sustainable development are attracting attention from academia and the practical field. Multinational company is the main force to promote economic globalization, and thus has become the main sponsor of these global issues as well. In order to cope with the diverse stakeholders, or to cultivate the green competitive advantage, many multinational companies have begun to implement high level green management. On one hand, because of their powerful economic influence and the capabilities of worldwide resource allocation, multinational companies have gradually infiltrated their environmental behaviors around the world. On the other hand, local enterprises, which has been in the original development stage in emerging markets, may not yet have a general positive consciousnessin environmental protection and implementation of green management. However, since these local enterprises have joined in global value chain and build up linkages with multinational companies, they move up or are accelerated to meet the international standards of green management. This phenomenon, in the current paper, is named "green management spillover". These spillover effects are positive for social, economic and enterprise development in China, hence the study of this phenomenon has theoretical and practical value.

Previous literature focuses more on the influence of multinational corporations on world economy or technology innovation, but less on social responsibility, especially environmental protection. The purpose of this paper is to study the spillover channels throughwhich multinational companies have influenced local enterprises in green management. The main issues are: what are the green management spillover channels of multinational companies? What is the mechanism in the green management spillover? Is there any factors that will promote the development of local enterprises´green management? What kind of role do government and non-profit organizations play in these channels?

Based on literature review, this paper uses resource dependency theory to analyze the mechanism of multinational companies´influence on the green management of local enterprises. The current paper analyzes the unique position of multinational companies in the supply chain, and also the impact of employing customer resources, public relations resources as well as the government policy resources on local enterprises´ green management. Next, a conceptual model of spillover channel has been constructed, elaborating how multinational companies has influenced local enterprises in green management. And at the same time, the paper analyzes the influences of horizontal linkage, backward linkage and forward linkage on local enterprises´ green management. The paper then further analyzes the moderate effects of three variables - absorptive capacity, the intensity of competition in the industry and industry pollution levels - on the spillover channels.

In addition, this paper employs economics game theory and numerical simulation to analyze the horizontal, backward and forward linkages of green management spillover. The result shows that multinational companies will promote green management of local enterprises, and consumer acceptance of green performance as well as the government standard setting. And all these will promote green management of local enterprises. However, if there are competitors to imitate the green management and carve up market share, the enthusiasm of local enterprises to implement green management will be reduced.

In order to test the reality of the conceptual model, this paper uses dynamic panel data model to empirically test the hypothesis made in the conceptual model. The conclusions are: (1) Horizontal, backward and forward linkages with multinational companies have positive impact on local enterprises green management. But this positive effect is not significant in the current period, and shows the significance in the lag period. (2) The green management absorptive capacity of the local enterprise has positive moderate effect on the green management spillover through the horizontal and backward linkage, but is not significant for the forward linkage. The reason for the insignificance may because in the forward linkage, there are more cooperative content in green management, such cooperation usually is more cutting-edge, a low level of local enterprises green management has less supportive of this cutting-edge green management cooperation. (3) The moderate effect of the intensity of competition is not significant, this may because although green management can bring long-term core competitive advantage for enterprises, the implementation of the early green management investment is large, and enterprises in these industries also need to consider the cost factor. (4) The moderate effect of industry pollution levels for backward linkage is not significant, and for horizontal and forward linkages, it has negative moderate effect. This result is contrary to the hypothesis in the conceptual model, the reason may because there are some multinational companies still regard China as a "pollution haven", and transfer the high pollution, high energy consumption industries to China. It may also because the cost for green management in more polluted industries are higher; therefore, companies may be reluctant to carry out the high green investment.

The possible innovation in this paper includes: raise the concept of green management spillover for multinational companies, which is a reference and breakthrough from technology spillover, and build the theoretical model including the three spillover channels—horizontal, backward and forward linkages—which is an extension of foreign direct investment theory. In addition, this paper uses resource dependency theory to study the effects of the government and non-profit organizations in the promotion of green management, which enriches the interpretation of the resource dependence theory. For research method, this paper combines game theory and empirical analysis, which not only describes the reality, but also provides the possible optimal solutions for the future company development, making the research more accurate and complete.

Due to the researcher's academic level and research conditions, there are still many inadequacies in this paper and the last part of this paper discuss the limitations as well as the possible future research directions.

Key words: green management, multinational companies, spillover, spillover channel, resource dependence theory

目　录

第1章 绪 论

1.1 研究背景和问题提出

1.1.1 跨国公司和绿色管理

环境问题已经成为当今世界关注的焦点。20 世纪 60 年代以来，传统工业文明在给人类带来巨大财富的同时，也造成区域性环境污染、生态环境恶化、资源能源浪费等一系列绿色问题。70 年代，发达国家为实现其产业结构的调整，将许多能源消耗大、污染严重的工业行业转移到发展中国家，但是输出资本的同时，也将污染输出到发展中国家。随着全球环境问题的日益严峻，可持续发展战略已经成为各国政府的重要职责之一。除了政府之外，1992 年举行的联合国环境问题会议也认为：联合国、非营利性组织、跨国公司等超国家行为体已成为关注绿色问题、倡导生态文明的中坚力量。

越来越多的跨国企业将绿色问题纳入其核心战略考虑。主要原因有：首先，全球化对生态环境带来了巨大的负面影响，而跨国公司则是全球化的主要承担者，也是全球问题的主要责任者。各国环境监管水平的差异可能使得跨国公司利用发展中国家低度环境监管，将污染密集的生产活动转移到这些国家。

其次，相比本土企业跨国公司的环境问题会受到来自国际社会、母国和东道国各方面的舆论压力。针对愈演愈烈的环境问题，以及日益壮大的跨国公司但参差不齐的绿色管理行为，一些关注于绿色和平、环保、社会责任等的非政府组织不断呼吁，要求跨国公司积极履行其对环境保护的责任。例如，得到全球 100 多个国际组织响应的、由联合国推行的《全球公约》（Global Compact）要求各领军企业和管理人员在各自影响范围内遵守、支持以及施行一套包含人权、劳工标准、环境及反腐败等方面的十项原则。许多跨国公司纷纷制定企业层面的环境守则，以应对不同利益团体对环境管理的需要。

另外，基于提高公司核心竞争力及国际市场占有率的要求，传统的生产管理方式受到严峻的挑战。目前消费者正在越来越关注企业的环境保护问题。例如2005年联合国公布的数据显示，90%的美国消费者、89%的德国消费者和84%的荷兰消费者在购买时都会考虑产品环保性能（杨育谋，2009）。消费者在讨论80%是由跨国公司污染排放所造成的世界绿色问题时，跨国公司对生态环境的态度以及如何进行绿色管理就成为必须考察的主要内容。

跨国公司的绿色管理水平优于新兴市场中其他类型的企业。一方面，跨国公司为保证其现实效益，不能仅考虑自身因素，而必须考虑其他利益相关方的诉求。跨国公司率先重视企业的绿色管理正是应对这种利益实现机制的改变。另一方面，企业战略在一定程度上受到内部可支配资源的影响，绿色管理战略只有得到特定能力支持时才能实现或产生竞争优势。跨国公司作为能够有效整合全球资源的组织形式，其管理理论、组织能力、技术创新等均处于领先地位。所以普遍而言，跨国公司的绿色管理水平优于发展中国家其他类型的企业，成为推动发展中东道国绿色管理的主要力量之一，通过管理体系建构、能力培训、发布报告和开展活动等多种形式推动了发展中国家企业环境管理的发展。

1.1.2 跨国公司绿色管理行为在全球范围的扩散

跨国公司的绿色管理的表现之一便是在全球范围实施绿色供应链计划。根据这些计划，跨国公司要求自己的供应商达到某种环境表现的标准，以确保与自己合作的供应商具有相应的环保意识和环境管理能力。Wal-mart在2008年宣布了其在长期降低生态足迹方面的决心和承诺并特别明确指出，它将逐步强化和执行其绿色供应链政策，和供应商一起提升资源使用率。并且，那些提升效率高的最佳实践供应商将更有机会获得青睐，分享更多的商机。据《WTO经济导刊》报道，江苏紫荆花纺织科技股份有限公司是一个污染比较严重的企业，2007年与Wal-mart成为合作伙伴后，Wal-mart对其进行了审核并制订节能减排的可持续方案，为该厂实现了节约用煤10%，节约用电5%，并成功取得了150余项环保产品的技术专利。

同样，Nike公司与其供应链上的工厂一起努力以减少用水量和改善水质，并承诺到2020年实现危险化学品零排放。为了实现这一目标，Nike公司定期收集 400 多个供应商的用水数据，并利用这些数据审慎评估工厂用水现状、鼓励水资源管理的改善。此外，作为选择供应商的一个重要条件，Nike 公司避免使用位于水资源短缺地区的工厂。

1.1.3 跨国公司对本土企业的影响

上述商业实践活动可能引发一个有意思的现象，类似中国这样的新兴市场企业，按照原本所处的发展阶段，可能尚未普遍达到在他们的经营中积极自觉实行绿色管理的观念和水平，但是正因为他们加入了全球价值链，成为跨国公司的供应商，使得中国企业提前或加速实行了符合国际社会要求的绿色管理模式。本文借鉴跨国公司在发展中国家直接投资产生的"技术溢出效应"，把这一过程称为"绿色管理溢出效应"。这种无论对中国企业的发展还是对中国社会经济的发展都是积极的、正向的，也正因为此，对这一现象的研究具有较大的理论价值和现实意义。

同样，对于生态环境和自然资源的保护不仅是跨国公司的责任，也是发展中国家政府和公众所面临的重要问题。中国政府正通过市场机制强化对本土制造商的监督。例如，国务院正指示包括发改委、财政部和环保部在内的关键政府部门，对高能耗和污染的行业，比如钢铁、水泥以及采矿业，采取取消税收激励政策、限制出口、增收费用等一系列措施。中国人民银行和环保部也和中国的一些地方银行执行绿色信贷计划，不向那些环境绩效糟糕的企业发放贷款。另外，发改委和财政部已联合发文，要求中央和地方政府必须购买节能产品。在这个过程中，跨国公司作为先进绿色管理知识、理念的代表，为中国政府提供了标杆、学习典范以及合作对象。例如湖南省发布的《跨国公司在湖南省的低碳·绿色投资发展报告》（2011），湖南省政府就采取了一些措施吸引科技含量高、经济效益高和资源消耗低、环境污染少，同时优化产品结构的跨国公司进行投资，希望树立标杆来带动当地企业绿色管理的进步。

另一方面，中国的非政府组织也和跨国公司保持良好的沟通，积极对跨国公司的中国供应商环境表现进行监督。例如，由 34 家中国环保组织构成的绿色选择倡议计划，在政府公布的企业监管记录和社区投诉、信访记录的基础上，推动本土供应商的跨国客户转型责任采购，促使污染企业进行整改并公开信息。

1.1.4 研究问题

根据上述的实践现象，本文主要解决的科学问题是：跨国公司会通过哪些溢出渠道来影响本土企业的绿色管理水平？

具体包含：跨国公司的绿色管理溢出渠道有哪些？跨国公司绿色管理在这些渠道中传递机制是什么？这些渠道中有哪些因素会促进本土企业的绿色管理发展？政府和非营利机构在溢出效应中起到什么作用？

1.2 研究意义

1.2.1 理论意义

本文重点研究跨国公司向本土企业绿色管理的传递行为，研究其中的传递、连带和溢出关系。这次传递不仅基于一般的口号宣传、伦理倡导，而是基于跨国公司和本土企业的制约关系。这种相互制约关系有很强的经济理性，也是一种博弈关系。同时这种制约关系中，政府、以非营利性组织为代表的消费者也起到一定的作用。西方绿色管理理论作为企业社会责任研究的重要领域之一，融合了经济学、社会学、战略管理、跨国公司理论等相关理论，本文运用战略管理领域中的资源依赖理论，以及经济学博弈论方法，来分析跨国公司和本土企业绿色管理的互动过程，希望对企业绿色管理理论做出一些贡献。

在全球环境问题日益严峻的背景下，绿色管理的内涵得到不断拓展，不同领域的学者采用不同的视角来解构绿色管理的内涵。Porter 和 Linde（1995）对以往通过经济学视角来分析绿色管理提出了质疑，认为绿色管理可以通过降低原材料成本等方式来获得收益。Hart（1995）将战略管理领域的资源基础观引入绿色管理的研究，认为环境资源是企业生产的资源之一，绿色管理是企业培养核心竞争优势的重要源泉。Jennings 和 Zandbergen（1995）运用社会学合法性的视角，将组织理论运用到绿色管理领域，认为企业实施绿色管理是为了满足内、外部的合法性要求。Rugman 和 Verbeke（1998）将 Hart（1995）绿色管理的资源基础观同跨国公司理论结合起来，只有在绿色管理能够带来竞争优势时，跨国公司才将绿色管理视为一种有效的战略。为了研究跨国公司和本土企业之间绿色管理的关系，本文运用了资源依赖观进行分析。

资源依赖观属于企业战略管理学的学派之一，在分析两个权力个体之间博弈关系具有很强的解释力，但较少被运用在跨国公司理论领域，所以本文运用该理论进行分析具有一定的理论意义。

溢出效应特别是技术溢出效应是内生经济增长理论的重要运用之一。众多文献检验了技术溢出效应的存在性、对母国和东道国经济发展的影响。绿色管理的溢出效应是企业内部管理理念、技术、经验等向其他企业的传递。相比技术溢出这种管理的溢出效应可能会具备更大的不确定性、因果模糊性和路径依赖等特征，并且几乎没有相关文献对这种溢出效应进行检验，所以本文的研究具有一定的开创性，也丰富了溢出效应理论。

1.2.2 现实意义

本研究的现实意义在于随着全球经济的迅速增长，生态环境的恶化和不断被破坏却在同步发生，可持续发展成为有识之士的共同呼声，环境管理和生态保护成为企业长期竞争力的一个重要方面。

中国政府把建设资源节约型和环境友好型社会确立为国民经济与社会发展长期坚持的一项战略任务：例如国家环保部为加强企业环境监管，进行了企业环境行为评价试点工作，这表明对企业环境绩效的评价已经逐步与国际相接轨。因为从长期来看，在华跨国公司的绿色管理战略和绿色管理行为势必要与中国的社会发展目标保持一致。所以这一趋势会对中国本土企业和跨国公司同时产生一定的影响。

跨国公司在中国进行投资建立子公司或者实施全球采购，对中国企业环境管理会产生重大影响。在迅速变化的全球竞争中，发展中国家对于环境保护的规制可能跟不上这种变化，跨国公司母公司对当地子公司、供应商的环境保护方面的自我约束，可以弥补政府管制不足或执行不到位，甚至能成为部分环境规制水平较低发展中国家的替代手段。具有全球价值网络的跨国公司将自身较高的环境标准延伸至发展中国家的子公司、供应商，有利于发展中国家当地的环境标准，降低生产经营对生态环境的影响。

同时，当发展中国家的本土企业加入全球价值链时，则面临充满挑战的未来：除了要生产出低成本、高质量的产品，他们也面临着客户对产品绿色性能要求逐渐增加的压力。随着越来越多的公司希望绿化他们的供应链，中国供应商必须找到途径去满足这些要求，否则就会失去主要客户、面临破产的风险。同时，中国政府应该利用跨国公司在华投资这一契机，将企业实践和中国环境保护制度建设联系起来，塑造有利于经济、社会的可持续发展的制度环境。

本文的研究成果可以为中国企业提供参考，了解他们的主要买家——跨国公司对绿色管理要求的动机、衡量标准、内容、途径，特别是通过何种渠道获得跨国公司先进的绿色管理方式、技能和经验，以更好地适应跨国公司的要求，从采取被动的绿色管理策略向采取主动性策略转化。

本文的研究成果也可以对中国政府提供一些启示，跨国公司能够通过各种渠道向本土企业传递绿色管理，那么政府应该提供条件促进跨国公司和本土企业的关联，改善二者的关系，借助跨国公司的力量来提升本土企业的环境保护意识和绿色管理水平。

1.3　主要概念界定

1.3.1　绿色管理和绿色管理战略

学术界对绿色管理概念的界定虽然存在差异，但内涵基本一致：绿色管理是企业将生态环境保护的观念融入到经营活动中，并在经营的各个环节上实施控制污染、节约能源，以实现经济、社会和生态环境等三者的和谐、可持续发展。而绿色管理战略是企业战略的一个方面，是企业处理其日常生产经营活动和生态环境相互关系时的行为模式，以及企业为减少生产经营对环境的负面影响而采取的自愿性行为（胡美琴、骆守俭，2007）。以往文献对绿色管理的内涵、类型等有较为丰富的解构，本文在第 2 章文献回顾部分对此进行了阐述。

1.3.2　产品绿色度

绿色度是衡量企业实施绿色管理所表现出来的产品性质，已经有一些文献探讨产品的"绿色度"概念定义及评价指标。绿色度可以定义为企业所生产产品对环境的友好程度，企业在整个生产过程中对环境副作用越小，则相应的产品绿色度越高，反之则越低（Beamon，1999）。所以说产品绿色度是贯穿于企业整个生产经营活动中的，包括产品原材料使用、生产过程、包装、运输、使用维护和废品回收整个生命周期中对环境的友好程度（刘红旗、陈世兴，2000；吕立新、梁艳、彭灿，2008；唐凡、汪传雷、邱灿华，2009；张艳、贾海霞，2005）。

国内学者还试图建立指标体系对产品绿色度进行测量。张艳和贾海霞（2005）讨论了专家打分法、多层模糊综合评价等方法，确定了产品绿色度的指标体系，认为产品绿色度的衡量应包括企业生产工艺清洁化水平、与环境相容性、三废处理情况、资源与能源利用情况以及社会性影响五个方面。吕立新等（2008）的研究则包括产品绿色度、清洁生产水平、废物排放及处理水平、资源与能源利用水平、环境管理专业化水平和企业绿色文化六个方面。

根据这些指标体系，可以看出对产品绿色度衡量能够全面反映企业绿色管理实施水平。本文在第 5 章和第 6 章运用绿色度的概念来衡量企业实施绿色管理的外部市场表现，进行博弈模型分析。

1.3.3 溢出效应

在以往研究技术溢出效应的文献中，认为溢出效应是指发达国家在其他国家，特别是发展中国家进行直接投资时，将先进的生产技术、知识技能、经营理念、管理经验等通过扩散途径，渗透到当地的其他企业中，从而促进东道国企业技术提高，是一种经济外部性的表现（economic externality）（Kokko，1992）。技术溢出效应可以通过示范、模仿、竞争以及人员流动产生水平溢出；也可以通过后向、前向关联产生垂直溢出。跨国公司既有动力帮助本土企业，特别是后向、前向关联企业运用其知识资源，又想方设法阻止技术向竞争对手的溢出。

本文将溢出效应运用到企业绿色管理领域。绿色管理的溢出效应是指跨国公司在东道国进行投资时，将先进的绿色管理理念、方法、技术、经验等通过扩散途径，渗透到东道国本土企业中，促进东道国企业绿色管理水平的提高。类似于技术溢出效应的渠道，本文研究的重点是绿色管理溢出效应是否在水平、后向以及前向关联这三种渠道中存在。

1.4 研究方法和技术路线

1.4.1 研究方法

本研究所采用的主要研究方法为文献研究、经济学博弈论分析、数值模拟分析和实证研究方法。

1. 文献研究

本研究对以往文献的理论研究和实证研究进行了较为详细和深入的回顾、梳理和评论。重点考察了跨国公司实施绿色管理的动机、战略和特点，以及溢出效应的相关文献。而后结合跨国公司绿色管理的新发展，进行理论性和概念性的归整、补充和提升，在吸取文献成果和优点的基础上，发现研究的局限性。在此基础上，本文理论性地分析了跨国公司对本土企业绿色管理战略的影响机理，并在第4章提出了绿色管理溢出渠道的理论框架。

2. 经济学博弈论方法

在提出该机制框架之后，运用博弈论工具对绿色管理的三种溢出渠道进行数理分析，通过数理模型来反映溢出的过程以及其中的影响因素。虽然实证分析具有强大的用事实说话的特性，但也有其一定的局限性：实证结论与现实存在最趋于一致，但这种现实解并不一定是最优的。特别是本文研究溢出渠道中的各影响因素，那么如何通过理论分析揭示问题的最优解，运用经济学博弈论的分析工具是非常有帮助的，也可以发挥数理分析对实际问题的解析力和解释力。

3. 数值模拟分析

数值模拟也叫计算机模拟，是以电子计算机为手段，通过数值计算和图像显示的方法，达到各类问题研究的目的，被广泛运用在自然科学、工程问题、气象学等学科。在管理学领域许多变量无法得到很好的测量，数值模拟可看做是运用计算机进行了一次试验，对各变量进行合理的赋值，结果可以清楚地显示出变量之间的关系。本文运用 Matlab 7.11 软件对博弈模型进行数值模拟分析，对博弈模型有一个直观的结果呈现。

4. 实证分析

作为理论框架和博弈模型的事实检验，本文拟采用二手数据对绿色管理溢出渠道进行实证检验。具体方法是通过检索国家环保局数据库、中国统计年鉴等获得二手数据，通过 SPSS 15.0、Stata 12.0、Eviews 7.0 等统计软件进行计量分析，以检验理论模型是否符合我国实际。

1.4.2 技术路线

在回顾了绿色管理理论、溢出效应理论相关文献基础上，本文确立了跨国公司溢出渠道对本土企业绿色管理水平影响的概念模型，在此基础上提出了相应的研究假设。为了证明该概念模型，本文首先运用博弈论方法构建了数理模型，并采用 Matlab 7.11 软件为计算机数值模拟进行了检验。同时本文搜集了二手数据，通过描述性分析、静态面板数据分析和动态面板数据分析等统计方法，采用 Stata 12.0、Eviews 7.0 等软件对研究模型进行实证检验。具体技术路线如图 1 - 1 所示。

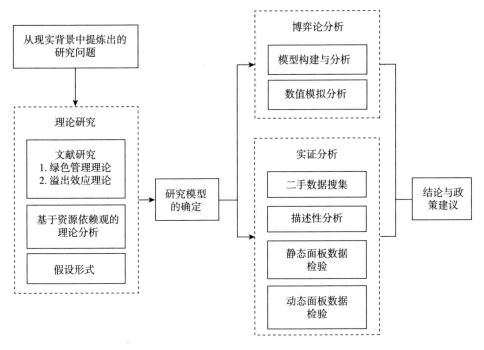

图 1 - 1 技术路线图

1.5 论文结构

本研究的整体结构与内容拟安排如下，如图 1 - 2 所示。

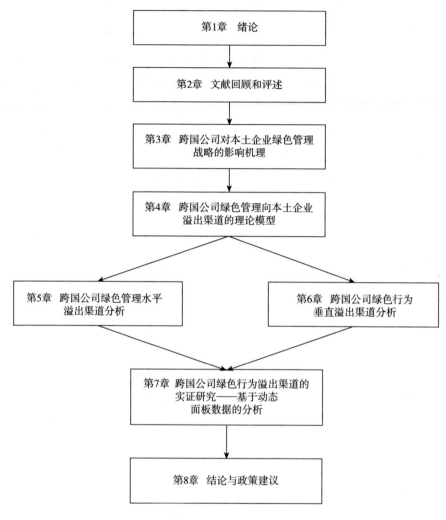

图1-2 论文的框架结构

第1章，绪论。概括介绍研究背景，说明研究的目的和内容，明确研究的理论意义与现实意义，并进行研究概念界定，总结研究所遵循的技术与逻辑路线，并对全文的结构安排加以介绍。

第2章，相关理论研究述评。围绕拟研究的理论框架，通过全面的研究文献回顾和梳理，揭示相关领域的研究进展，明确研究问题的影响机理，清晰界定相关的概念，为进一步的逻辑推理和理论分析奠定基础。

第3章，在回顾相关理论研究的基础上，运用资源依赖观，分析跨国公司对本土企业绿色管理战略的影响机理。将跨国公司的客户资源、公共关系资源、政府政策资源纳入资源依赖观的框架，分析这些资源对本土企业实施绿色管理的影响。

第 4 章，在前一章理论思考的基础上，提出了跨国公司绿色管理向本土企业溢出渠道的理论模型。为后面三种的博弈论模型构建和二手数据的实证分析奠定了基础。

第 5 章，运用经济学博弈论分析方法，对水平关联渠道的绿色管理溢出效应进行分析，并用数值模拟检验了部分结论。

第 6 章，运用经济学博弈论分析方法，对后向关联、前向关联渠道的绿色管理溢出效应进行分析，并用数值模拟检验了部分结论。

第 7 章，跨国公司绿色行为溢出渠道的实证研究，通过二手数据收集，进行数据模型构造和统计分析。对第 4 章的概念模型，以及第 5 章和第 6 章的博弈论模型进行了中国实际情况的检验。

第 8 章，结论与政策建议。本章首先对研究发现进行了梳理与总结，并根据研究结论提出可能启示。另外，剖析了研究存在的不足之处，并就可行的改进、完善方向提出建议，指出未来值得探索的研究方向。

1.6　本章小结

本章是绪论部分，旨在为整篇论文的展开奠定基础。本章首先介绍了研究背景，明确了研究的主要问题。然后对研究的理论和实践意义进行了阐述。接下来对主要概念进行了界定和说明，并阐述了本研究的研究目标、方法、技术路线等，由此搭建了本研究的总体框架。

第 2 章　文献回顾和评述

本部分内容通过对企业绿色管理、跨国公司绿色管理和跨国公司溢出行为等方面的相关文献进行回顾和评论，为构建跨国公司绿色管理溢出渠道理论模型和相关假设提供文献支持和理论基础。

2.1　企业绿色管理的动机和理论解释

2.1.1　环境经济学视角

经济学的视角是基于企业是"理性人"假设，这种观点认为，企业绿色管理是决策者根据目前或预期的成本/风险与收益进行分析而做出的选择（Khanna，2001）。所以，经济学视角探讨的主要问题是企业如何通过绿色管理来提高其经济效益和利润表现。

传统的观点认为，企业进行绿色管理是外部环境规制强加给企业的额外成本，是企业对外部规制成本进行内部化的一种手段。新古典经济学认为，这种环境规制会降低企业生产率，增加其生产经营成本，提高其未来投资的不确定性，从而削弱企业全球竞争力（Gray & Shadbegian，1995）。

然而，这种模式已经被许多学者所挑战（Porter & Linde，1995），他们认为新古典经济学所采用的静态方法会导致其结论上的偏差，企业绿色管理可以为企业创造更好的经济表现，而并非一味地增加企业运营成本。企业进行绿色管理不仅有利于外部环境，也有利于企业本身，因为实施绿色管理能够帮助企业发现新的投资机遇，可以导致成本和收益的"双赢"，这一论点又被称为"波特假说"。例如，Ambec 和 Lanoie（2008）实证研究表明，绿色管理至少可以通过以下几个方面增加企业受益：①更好地进入某个特定的市场；②产品差异化；③出售污染控制技术；④降低外部利益相关者风险；⑤原材料、能源和服务的使用成本降低；⑥降低资金成本；⑦降低劳动力成本。国内学者焦俊和李恒（2008）也指出，企业实施绿色管理可以提高其生态效率，通过减少浪费、降低能耗、循环利用等降低产品流动成本，进而改善企业财务绩效。并且，实施绿色战略可以减少企业因违法环境规制而面临的风险，降低企业遭受的环保处罚和诉讼费用，进而增加企业经济收益。

在这方面的分歧客观上大大推动了企业实施绿色管理与企业绩效之间的实证研究，但迄今为止这个问题并没有得到一致的结论。认为企业实施绿色管理能够推动其经济绩效的研究主要针对商品市场和资本市场两个方面研究（图 2－1）。孟晓飞和刘洪（2003）认为，企业绿色管理更重要的驱动力来自于为消费者创造具有价值的绿色产品或服务。在商品市场上，消费者越来越多地开始关注产品的健康或环境因素，不同于以往对产品传统属性（例如质量和价格等）的关注，产品的绿色属性被消费者赋予了较高的优先级，甚至愿意为此支付更高的产品价格（彭海珍，2007）。由此可见，当企业进入日益增长的绿色市场，可以通过对绿色产品的开发和投资，进行绿色营销，通过产品差异化优势获得收益（Pratima Bansal & Roth，2000）。

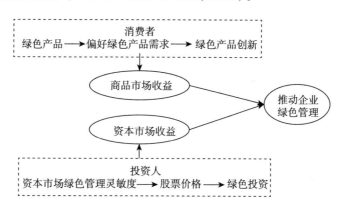

图 2－1　企业绿色管理的经济动机

资料来源：根据彭海珍（2007）修改。

另外，资本市场也会对企业的绿色管理作出正面评价，抑或对不良环境行为做出负面反应。Klassen 和 McLaughlin（1996）发现，当企业面临环境保护危机时，例如油轮泄露事故之后，在纽约证交所和美国其他证交所上市企业市值会产生极大的负面影响；而当环境保护奖宣布时，获得该类奖项的企业其市场表现会得到大幅度改善，但是在污染严重的行业这种效应并不显著。

Khanna（2001）也通过实证检验发现，企业绿色管理决策具有经济理性，并且能获得财务意义上的收益。所以，当企业察觉到这些经济收益和风险时，它们就会认为企业必须进行绿色管理。

2.1.2 资源基础观

资源基础观认为，企业竞争优势来源于所拥有的异质资源（Wernerfelt，1984）。现有基于资源基础观的研究主要强调外部环境（主要是经济、法律、社会、地理等）中独特资源对企业竞争优势的影响，却忽视了自然生态环境对企业形成长期竞争优势的限制或作用（沈灏、魏泽龙、苏中锋，2010）。Hart（1995）在资源基础观的基础上，整合了自然环境资源对企业产生的约束和机会，提出了自然资源基础观（Natural Resource Based View）。自然资源基础观对企业和其所生存的自然环境之间的关系进行了思考，认为企业绿色管理会促使企业形成独特的、稀缺的、不可模仿资源或能力，进而获得相应的竞争优势。自然资源基础观认为企业绿色管理能力发展由三个相互联系的战略命题构成：污染治理、产品管理与可持续发展（如表2-1所示）。此后，许多学者沿着绿色管理→企业竞争优势获取→经济绩效的思路进行了研究，例如 Russo 和 Fouts（1997）实证研究指出通过对异质资源的管理来提升企业的环境绩效，是企业获取竞争优势并改善经营绩效的有效手段。Aragon-Correa 和 Sharma（2003）整合了权变理论、动态竞争能力理论和自然资源基础观，分析了在企业——自然资源之间互动关系，以及企业如何运用竞争优势应对不确定、复杂的自然资源环境。

表2-1 自然资源基础观的理论框架

战略能力	绿色行为	关键性资源	竞争优势	相关研究
污染治理	减少污染排放	持续改进	成本优势	焦俊、李恒，2008；Christmann，2000
产品管理	降低产品生产周期中的环境成本	外部利益相关者整合	先发优势	绿色供应链 Vachon & Klassen，2006；Rao & Holt，2005
可持续发展	减少企业成长和发展中的环境负担	共同愿景	未来竞争地位	绿色技术创新相关文献（Porter & Linde，1995；Shrivastava，1995），跨国公司绿色管理相关（Rugman & Verbeke，1998，2000）

资料来源：作者按照 Hart（1995）的划分整理相关研究。

Hart（1995）认为绿色管理能够从以下四个方面给企业带来成本优势：①实施绿色管理能够对企业面临的污染问题进行整体规划，节省污染控制的设备安装和运转成本；②提高产品生产效率，通过提高原材料、能源及其他资源的使用效率，降低单位产品生产成本；③调整企业运作方式，重新进行企业流程再造，降低产品、原材料等资源循环时间；④降低环境事故的发生概率，减少企业应对环境管制成本和违规风险。Christmann（2000）也发现，企业实施绿色管理的目的是为了获得成本优势所需的互补性资产。所以，实施绿色管理的企业可致力于开发生态效率，通过减少浪费、储备能源、循环利用等方式降低产品生产成本（焦俊、李恒，2008）。

产品管理是贯穿于整个产品生产价值链的绿色管理战略，注重企业如何整合上下游价值链的利益相关者，进行绿色管理，相关的文献主要集中于绿色供应链管理。同时，最终产品生产商受到日益严格的环保法规规制和来自于各类利益相关者的压力，开始关注其上游供应商的绿色管理水平及环境绩效，并实施绿色供应链管理（Hall，2000；Vachon & Klassen，2008，2006；Koplin，Seuring & Mesterharm，2007）。绿色供应链管理涉及产品的设计、生产及使用全过程，是以环境友好为目的的进行产品设计、采购、生产、使用及废弃品回收过程，同时还包括在供应链中的绿色管理策略制订、执行和评估，以及对上下游合作关系的管理（Zsidisin & Siferd，2001）。Rao 和 Holt（2005）指出，实施绿色供应链可以提高企业竞争力，进而促进其绩效，并且绿色供应链一定是整体供应链的绿化，而不会单单出现在某个特定的供应链阶段。

Vachon 和 Klassen（2006）对运用内部化理论（Buckley & Casson，1976）对供应链中环境问题进行了研究，定义出构成绿色供应链实践（GSCP）的两个基本概念——环境监测和环境合作：①环境监测是指企业通过市场或者公平交易，以评估和控制其供应商的活动；②环境合作是指启用直接参与了供应商开发环保解决方案的活动。环境监测包括运用公开披露的环境记录或特定调查问卷来收集供应商环境表现，也包括通过买方或独立第三方对供应商进行审计（Min & Galle，2001）。这种对上游供应商的审查备受关注，因为在顾客心目中上游供应商的环境表现已经和核心企业紧密地联系在一起（Wokutch，2001）。核心企业可以采用自愿或实施标准化的方法对供应商实施环境监测，越来越多的标准化运用到企业对供应商的筛选中（Handfield et al.，2002），例如要求供应商通过 ISO14001 认证。与环境监测有所不同，环境合作则是需要核心企业投入特定的资源同链上企业进行合作，以解决供应链内环境问题。这些活动有可能从供应链内成员的相互协作中捕获相应的附加值，减少对环境的影响。具体的，环境合作包括对环保行为的总体规划，环境方面知识共享，对新产品设计、生产流程的共同规划，合作研发，以及减少在物流过程的资源浪费。环境合作并不追求即期的回报，而更注重实现环境友好业务和产品的整个过程。

另外，国内外也有一些研究分析了政府在企业绿色供应链中的作用（朱庆华、窦一杰，2011；Hammond & Beullens，2007；Mitra & Webster，2008）。朱庆华和窦一杰（2011）建立了绿色供应链中考虑产品绿色度和政府补贴的博弈模型，考虑这两种因素在绿色供应链中的作用。Hammond 和 Beullens（2007）建立了完全信息下古诺模型，分析欧盟《关于报废电子电器设备指令》在绿色供应链管理中的作用。Mitra 和 Webster（2008）建立了生产商和再生产商的两阶段博弈模型，分析了政府补贴给予的不同情况以及获得的相应效果。

Hart（1995）认为可持续发展是企业绿色管理的最高阶段，可持续发展的含义包括企业跨越各种边界（包括跨越国界、非营利性组织等）进行的环保技术合作，强调环保技术对企业可持续发展，以及未来竞争地位的重要性。学者做了许多关于跨国公司绿色管理研究，详细见 2.3 节论述。在绿色技术创新方面，Porter 和 Linde（1995）认为企业所实施的绿色管理，使得企业更注重环保技术发展与能力建设，并且绿色管理所激发的技术创新可以获得所谓的"创新补偿"（innovation offsets），以弥补企业在实施绿色管理方面所花费的成本。绿色技术创新不仅为企业在节约原材料、资源能耗方面降低成本获得补偿（Hart，1995；Christmann，2000），也能通过激发消费者对环保产品的需求，扩大市场份额来提高销售收入（Porter & Linde，1995；Bansal & Roth，2000），更为重要的是，环保技术有利于提高企业所处行业的环保进入壁垒，在未来竞争中赢得先机（焦俊、李恒，2008）。

2.1.3 制度理论与合法性视角

根植于组织社会学的制度理论认为企业经营决策未必是基于经理人的经济理性分析（DiMaggio，1998），而侧重于考虑组织外部压力和社会期望等非效率因素。这种观点强调政府管制、市场要求和社会期望等制度因素对组织管理、结构与绩效的影响，认为企业进行绿色管理动机是加强企业在某一特定制度、规范、文化环境中的合法性（legitimacy）（Delmas，2002；King，Lenox & Terlaak，2005；Hoffman，1999），从而获得各方利益相关者的支持。Jennings 和 Zandbergen（1995）首次将制度理论引入企业生态可持续发展领域，探讨了如何建立可持续发展制度以及该制度如何在组织间发展与传播。他们认为绿色管理是企业投资和运用其在社会和生态两大系统中自然资源来适应获取制度合法性的手段。并且，他们运用制度理论分析了规制、规范和认知（或文化）三维制度因素对企业进行绿色管理的影响，使得这三个维度成为制度理论解释影响企业绿色管理外部因素的重要理论支持。国内学者杨东宁和周长辉（2004）在原有制度理论基础上，将企业绿色管理的制度下驱动力分为外部合法性和内部合法性。外部合法性是先前所讨论的三维制度因素，扩展的内部合法性则是组织内部利益相关者对组织管理意愿、要求及接受程度，包括企业战略导向、组织学习能力以及组织经验和传统。如图 2 - 2 所示。

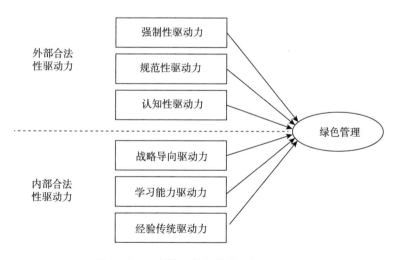

图 2 - 2　绿色管理的制度合法性

资料来源：根据杨东宁 & 周长辉（2005）修改。

在规制或强制性维度方面，企业绿色管理主要受遵守环境规制的驱动。Jänicke 和 Jacob（2004）认为，即使在政治、经济全球化的背景下，政府仍然有必要进行环境规制，进而促进企业绿色管理，乃至促进整个区域经济的绿色化发展。Henriques 和 Sadorsky（1999）对加拿大公司的不同利益相关者进行了实证分析，结果表明，政府规制在企业绿色管理战略中发挥了重要作用。
Sharma 和 Henriques（2005）研究了加拿大林业经理人对利益相关者的看法，
他们认为政府规制推动了企业早期的绿色管理，但在后期污染控制、生态可
持续发展中，企业的绿色管理已经超出了政府规制最低要求。也有学者对环
境规制工具进行了细分研究，考察哪些环境规制工具会对企业绿色管理产生
影响。例如 Downing 和 White（1986）的研究也表明，相比直接命令型规制，
基于市场激励的规制（如排污费、许可证等）会对企业产生更强的绿色创新
激励。

规范维度方面的研究较为丰富，学者们不仅认为企业面临的来自媒体和
环保团体等方面的社会压力能推动企业绿色管理（Sharma & Vredenburg，
1998），并且对于不同类型企业应对不同类型利益相关者而进行的绿色管理作
了详细分析（例如 Besser，1999）。Sharma 和 Vredenburg（1998）认为企业应
当实施绿色管理，以同当地社区、环境组织、政府和其他非经济利益相关者
建立良好的关系。Henriques 和 Sadorsky（1999）认为顾客、股东和当地社区
会的压力会促进企业绿色管理，而相比之下政府和媒体压力对已经实施绿色
管理的企业影响并不重要。Murillo-Luna，Garcés-Ayerbe 和 Rivera-Torres（2008）
对西班牙企业研究发现，如果企业能从多个利益相关者感受到绿色管理压力，
其执行绿色管理的可能性越大。国内学者发现来自供应商、消费者以及竞争
者的压力也会促使企业改善其环境表现（杨东宁、周长辉，2005）。

对于不同类型的企业而言，小企业可能会因为其经营风险较大而更积极
主动应对当地利益相关者的需求，进而实施绿色管理（Besser，1999）。同时，
Darnall，Henriques 和 Sadorsky（2010）也发现由于小企业资源需求弹性小以及
决策流程简单，并且对来自价值链上下游的压力更加敏感，往往会更主动地
采取绿色管理以应对上下游利益相关者要求。与之相反的是，大企业则会更
积极应对公众或其他监管机构的利益相关者诉求，Arora 和 Cason（1995）研
究发现美国大型制药企业会更积极参与美国环保局发起的 33/50 计划，以鼓
励企业自愿减少 17 种有毒化学品的排放。

随着战略管理视角对企业绿色管理解释的兴起，学者们将目光从影响企
业绿色管理的外部因素转向了企业内部，基于制度理论的企业内部合法性研
究近年来也受到了学者的关注。企业绿色管理的决定因素不仅来自于外部利
益相关者的压力，而且取决于企业管理者对外部压力的准确认知、判断，以

及及时、合适的反应程度（Banerjee，2001；Julian，Ofori-Dankwa & Justis，2008；David，Bloom & Hillman，2007；Sharma，2000）。国内学者杨东宁和周长辉（2005）则实证检验了企业内部战略、组织学习和经营对绿色管理具有正向影响。

2.1.4　三种理论对企业绿色管理研究比较及评述

对于企业实施绿色管理的理解，环境经济学、战略管理理论和制度理论均有不同的见解和主张。在梳理了现有文献的基础上，本文发现上述三种理论视角下关于企业绿色管理的研究分别关注不同的问题：环境经济学主要关注环境规制工具对企业是否实施绿色管理和实施绩效；战略管理理论则打开了企业内部黑匣子，研究绿色管理对企业竞争优势的影响以及作用机制；制度学派则从内外部合法性角度，研究利益相关者对企业绿色管理的驱动力。表2－2对这三种理论视角下的绿色管理进行了归纳比较。

表 2－2　三种理论对企业绿色管理的研究比较

研究理论	环境经济学	战略管理	制度理论
代表文献	Porter & Linde, 1995	Hart, 1995	Jennings Zandbergen, 1995
分析层面	产业，组织	组织	组织
研究方法	实证检验	案例分析，实证检验	案例分析，实证检验
研究议题	环境规制工具对企业绿色管理和绩效的影响	绿色管理对企业竞争力的影响	内外合法性压力对企业绿色管理驱动力
不足与未来研究方向	企业内部因素对规制工具和绿色管理关系的影响 规制工具对绿色管理的触发机制	企业所实施的绿色管理对外部环境的影响和互动 企业特征对绿色环境—战略—绩效之间关系的影响	系统的企业绿色管理驱动力模型 对制度剥离（de-institutionalization）的分析

总体而言，基于上述三种理论的绿色管理研究已经取得了丰富成果，但这些理论视角的研究也存在一些不足之处。环境经济学理论将企业抽象为单纯的理性决策者，遵循一种简单的、机械的"刺激－反应"模式（Cleff & Rennings，1999）。并且环境经济学仅停留在产业层面，没有涉及到企业内部要素对绿色管理的影响，进而无法研究规制工具对绿色管理的触发机制。所以，这部分研究主要集中于规制工具和绿色管理之间的实证检验，无法更加

深入到企业内部运作机理的理论探讨。

战略管理则弥补了环境经济学的不足，运用资源基础观分析了企业进行绿色管理的内部途径。并且相关研究既包含了企业绿色管理的战略层面，也涉及对绿色管理执行层面，例如绿色供应链管理的研究。战略管理理论也存在研究空白，相关研究仅停留在外部环境如何影响企业绿色管理战略，但缺少企业实施绿色管理战略对外部环境的影响，或者二者之间的互动。例如，跨国公司所实施的绿色管理战略可能会对东道国的环境制度产生一定的影响。另一方，关于企业绿色管理战略——绩效之间的关系研究也比较少，企业规模、特征可能会因企业绿色管理战略而产生的竞争优势有所影响，也可能对绿色管理战略——绩效之间的关系产生调节作用。

制度理论关注点集中在企业内外部合法性，研究各种利益相关者对企业产生的压力，进而驱动企业实施绿色管理。合法性视角虽然对企业内、外部因素均有涉及，但尚未能提出一个完整的驱动力模型，研究框架略显松散，缺乏系统性。并且缺少对各影响因素概念区分的研究，也没能分析驱动因素之间是否兼容或互斥。制度理论另一个比较大的遗憾是未能对制度剥离（de-institutionalization）进行分析。企业开始实施绿色管理，是对原有外部环境规制和企业内部政策进行去除和剥离的过程，在此阶段可能会面临原有制度的挑战，企业如何应对这些陈旧的内、外部制度，进而贯彻新的绿色管理制度，是未来可能的一个研究方向。

2.2 企业绿色管理战略相关文献

2.2.1 企业绿色管理战略内容

绿色管理是企业把环境保护的观念融入企业经营活动，并从各个环节控制污染、节约能源，以期实现经济、社会和环境保护等可持续发展目标。企业绿色管理战略是指企业管理经营活动与自然环境关系的模式，是为企业遵守环境规则行为以减弱对环境负面影响而采取的一系列自愿行为（Sharma，2000），是围绕自然环境问题而形成的企业战略。Sharma 和 Vredenburg（1998）认为，企业绿色管理不能仅作为一个职能部门战略，局限于治污设备的安装与使用，而应该把企业绿色管理战略放在企业总体战略高度层面上。已有文献对于企业绿色管理战略研究主要可以归纳为两个学派：资源能力学派和过程管理学派。

以 Hart（1995）为代表的资源能力学派认为企业绿色管理按照战略能力的高低，可以依次分为污染治理、产品管理和可持续发展。污染治理作为企业绿色管理战略的最低阶段，主要通过原材料绿色化、循环利用以及技术创新来降低污染排放量，对各个污染环节的持续改进、提高资源利用率，进而降低生产成本。相比仅针对于企业污染治理，产品管理是贯穿于整个产品生产价值链的绿色管理战略，选择对环境影响最小的原材料和开发设计的过程。这一绿色管理战略注重于产品对环境的作用，从原材料的选择到消费者绿色需求的塑造，从而强化消费者的品牌偏好和忠诚度。企业注重对上下游利益相关者整合能力培养，核心企业由此获得了在绿色供应链中的先发优势地位。而执行可持续发展战略的企业则放眼于全球范围和全体利益相关者，无论是在发达国家还是发展中国家，无论是否存在非营利组织压力，企业特别是跨国公司，要承担起实现可持续发展的责任。

过程管理学派则从系统学视角研究了企业绿色管理战略。Darnall 和 Edwards（2006）从系统的视角研究了环境管理体系（Environmental Management System，简称 EMS）。环境管理体系是一种使得企业组织不断减少对自然环境影响的管理系统，是要求应对来自外部组织规制和监管而产生于组织内部的决策、评估、规划和实施的系统。环境管理体系由一系列的企业内部环境政策以及评估体系，包括对自然环境的影响，确立、落实环保目标，以及监控目标的实现（Lamprecht & Amacom，1997）。现实中针对企业内部环境政策制定、执行和评估而开发出来的环境管理系统已经被广泛运用，在 2003 年美国已经有 3 553 家工程采用了该系统（Darnall & Edwards，2006），在世界范围内从 1996 年起超过 88 800 家工厂采用了由 ISO14001 所认证的环境管理体系。

过程管理学派的研究和 Hart（1995）所阐述的第二阶段产品管理战略有异曲同工之处。二者区别在于，企业的关注点在绿色管理过程上还是在最终产品上。关注过程的绿色管理战略是指绿色管理贯彻到企业每一项经营活动中，包括产品研发、原材料采购、能源消耗、供应链管理、生产销售以及废弃品回收利用等整个过程（Klassen & McLaughlin，1996；Sharma & Henriques，2005）。由于企业管理者面临着较大的短期业绩压力，关注过程的绿色管理战略则更适合企业，因为关注过程的绿色管理战略比关注产品的绿色管理战略能够更快地反映在财务报表上（Christmann，2000）。

2.2.2　企业绿色管理战略分类

每个企业面临环境问题时的处理积极程度并不相同，所以每个企业绿色管理战略层次也存在差异，表2-3列出了绿色管理战略分类。学者们对于绿色管理战略分类的研究主要分为，一类关注企业应对环境问题的态度，另一类则是企业绿色管理的战略层次。

表2-3　绿色管理战略分类

关注点	文献	绿色管理战略分类
关注企业应对环境问题态度	Roome（1992）	不遵守（non-compliance）、遵守（compliance）、遵守+（compliance plus）、商业与环境双卓越（commercial and environmental excellence）、领导优势（leading edge）
	Sharma & Vredenburg（1998）	反应型（reactive）、前瞻型（proactive）
	Henriques & Sadorsky（1999）	反应型（reactive）、防御型（defensive）、适应型（accommodative）、前瞻型（proactive）
关注企业绿色管理战略层次	Hart（1995）；Buysse & Verbeke（2003）	污染治理（pollution prevention）、产品管理（product stewardship）、可持续发展（sustainable development）
	Sharma & Henriques（2005）	污染控制（pollution control）、生态效率（eco-efficiency）、再循环（recirculation）、生态设计（eco-design）、生态系统管理（ecosystem stewardship）和业务重新定义（business redefinition）
	Murille-Luna, Gars-Ayerbe & Rivera-Torres（2008）	被动反应型（passiveresponse）、关注规制反应型（attention to legislationresponse）、关注利益相关者反应型（attention to stakeholders´ response）、全面环境质量反应型（total environmental quality response）

资料来源：作者整理。

关注于企业应对环境问题态度的分类大都借鉴了企业社会责任模型的模式：即反应型、防御性、适应性和主动型，由低到高地反映了企业在战略形成和实施方面对于环境问题的关注度逐步增强（Henriques & Sadorsky，1999；Sharma & Vredenburg，1998）。Roome（1992）将企业对环境问题的态度划分为不遵守、遵守、遵守+、商业与环境双卓越、领导优势这五类。第一类为不遵守，表示企业以消极态度应对环境问题，将其视为负担并逃避所面临的环境规制；第二类为遵守，表示企业会被动遵守环境规制，但还只是消极应对；第三类为遵守+，表示企业的绿色管理不仅限于消极应对环境管制，还能积极主动地进行绿色管理；第四类是商业与环境双卓越，表明企业能够系统地应对环境问题，并将其提高到企业战略决策层面，通过对商业和自然环境的有效管理，取得良好的环境和财务绩效；最后一类是领导优势，表明企业能够通过积极应对环境问题，进行绿色管理，从而获得相应的竞争优势。Sharma 和 Vredenburg（1998）更一般地将绿色管理战略分为反应型和前瞻型，前者指企业被动应对环境问题，而后者指企业能够主动地、积极有效地进行绿色管理。他们还对加拿大石化产业进行了案例和实证研究，发现企业如果实施前瞻型绿色管理战略，能够更好地处理生态环境带来的不确定性，但实施这一战略需要企业具有相应的资源和能力保证，这种资源和能力则是企业竞争优势的源泉。

关注于企业绿色管理战略层次的分类始于 Hart（1995），基于其所构建的自然资源基础观，他将绿色管理战略总结为污染治理、产品管理和可持续发展三个阶段，并对这三个阶段企业相应的资源能力支持及获取的竞争优势进行了阐述。Sharma 和 Henriques（2005）针对加拿大纸品行业，将企业绿色管理战略分为污染控制、生态效率、再循环、生态设计、生态系统管理和业务重新定义。Murillo-Luna，Gars-Ayerbe 和 Rivera-Torres（2008）则根据企业利益相关者的划分及重视程度，将绿色管理战略分为被动反应型、关注规制反应型、关注利益相关者反应型、全面环境质量反应型四类。

以上分类反映了企业绿色管理战略上的态度和战略层次，从消极回避到积极应对，从低层次的污染治理到高层次的全面环境质量管理。由于每个企业所处的发展阶段、所拥有的资源和能力差异，企业会根据自身的实际情况选择合适的绿色管理战略。

2.3 作为绿色行为角色的跨国公司研究

2.3.1 跨国公司的东道国环境效应及理论解释

关于全球化和跨国公司对环境的影响问题，学术界至今未能达成共识，最早关于跨国公司和环境问题的研究可以追溯到经济发展对环境的影响。例如借鉴库兹涅茨（Kuznets）关于经济发展与收入分配之间的"倒 U 型曲线"假说，学者们指出经济发展与环境之间也存在倒 U 型曲线，称为环境库兹涅茨曲线（Environmental Kuznets Curve，简称 EKC），即在经济发展初期，经济发展会导致环境质量的恶化，一旦当经济发展和人均收入达到某一临界点

（即 EKC 最高点），经济发展反而有助于改善环境，环境质量随着经济发展逐步提高（Stern, Common & Barbier, 1996; Ekins, 1997）。受到这一观点启发，许多学者运用各种计量方法对环境库尼涅茨曲线存在性进行了验证，在此理论基础上，有一些学者运用多国样本来研究跨国投资带来的经济收益与环境污染之间的关系。Grossman 和 Krueger（1995）运用包括发达和发展中国家的样本，采用四种污染指标测量了经济增长和环境污染之间的关系，实证研究发现环境污染会随着经济增长而提高，当人均收入一旦超过 8000 美元，污染水平会随着经济增长而降低，从而验证了环境库兹涅茨曲线的存在。而 Dasgupta 等（2002）的研究表明对于某些全球性的污染指标，例如二氧化碳排放量，环境库兹涅茨曲线并不存在。这些研究只是建立了全球化背景下经济发展与环境污染之间的一个通用关系，没有为贸易或者跨国投资与环境效应之间的因果关系以及作用机制提供分析思路（戴荔珠、马丽、刘卫东，2008）。

随着跨国公司对全球资源的配置影响力逐步增强，对全球经济发展也起到举足轻重的作用，但是跨国公司作为全球化问题的主要责任者也备受争议（Christmann, 2004; Christmann & Taylor, 2001），一些学者认为跨国公司在全球生态环境方面也发挥了重要作用（Aguilera-Caracuel et al., 2012; Eskeland & Harrison, 2003）。认识到这一重要责任，越来越多的跨国公司将全球环境因素纳入到战略考虑范畴，例如保护生态种群、避免污染等，以抵制反全球化情绪的上升所造成的潜在后果（De Bettignies & Lépineux, 2009）。虽然跨国公司环境管理的文献最早可以追溯到 1976 年 Gladwin 和 Walter 两位学者的研究，真正意义上对该议题的研究是自 Rugman 和 Verbeke 于 1998 年在《国际商务研究》（Journal of International Business Studies）杂志上发表一篇名为《企业战略和国际环境政策》（Corporate Strategy and International Environmental Policy）的文章之后兴起。

学者们利用污染产业是否转移作为切入点，跨国公司在东道国的环境效应，形成了两派观点：一方面，跨国公司的可移动性（mobile）特征是其可以利用国家间在环境管制上的差异，在缺乏对任何一国的承诺下，行使"选择权"或套利机会（arbitrageopportunity）（Kogut, 1985），具有宽松环境管制的国家有可能成为其高污染行业的生产平台，使这些东道国沦为所谓的"污染避难所"（pollution haven）（Korten, 2001; Vernon, 1998）；另一方面，由于拥有先进技术和丰厚资源，跨国公司越来越多地注重对环境问题的自我规制（self-regulate）（Christmann & Taylor，2001），采取超出东道国政府规制要求的、甚至全球统一的环境政策和控制标准，跨国公司所拥有的先进管理技术和理念会推动全球环境管理的发展，为发展中国家带来了"污染光环效应"（pollution halo effect）。虽然大部分早期文献支持"污染避难所"假说，但近些年来的研究更多地认为跨国公司会采取后一种战略（Dowell，Hart & Yeung，2000；Brown et al.，1993），采取全球标准化环境管理，进而有利于东道国环境保护。接下来本文就这两派观点及其理论解释进行相应的文献回顾。

1. "污染避难所"和国家特定优势（Country Specific Advantage，简称 CSA）

第一种观点认为跨国公司会利用各国环境管制标准的差异，将污染型经营活动向标准较低的欠发达地区转移，导致全球范围污染加重，并使这些东道国成为"污染避难所"，也被称为"污染产业迁移"或"污染产业雁行理论"（Rugman & Verbeke，1998）。另一方面，由于拥有其他强有力的、有价值的交换条件，诸如技术专长、创造就业机会等，跨国公司相对于东道国政府具有较强的议价能力，可以通过谈判等方式为跨国公司争取更宽松的制度环境（Leonard，1988）。而欠发达的东道国或地区即使有意实施环境保护，但为了保持其区位竞争优势，获得发展所需的资本和技术资源，将被迫进行"竞次"（race to the bottom），最终导致全球环境问题的恶化。此时，欠发达国家吸引了外商投资，跨国公司为了寻求低成本而将环境责任外部化（Korten，2001）。

早期关于这方面的研究体现了对该观点的支持。首先是学者 Walter 和 Ugelow（1979），他们认为东道国政府需要对环保损失和外资引进的收益进行预期和分析，确保外资引进带来的当地发展能够弥补对未来环境损害。Low 和 Yeats（1992）发现污染产业存在世界范围内的迁移，在发达工业化国家的产业份额有所下降，而发展中国家则出现上升的趋势。Xing 和 Kolstad（2002）考察了美国在 1985～1990 年间的对外投资情况，将污染严重的化工、金属冶炼产业，同污染较小的电器、交通运输行业等进行比较，分析结果表明东道国宽松的环境管制政策是污染严重行业投资的显著原因之一，但对污染较小行业作用并不明显。Grether 和 De Melo（2003）分析了 5 个重污染行业 1980 年至 1998 年期间 52 个国家的生产和贸易流动数据，发现重污染行业存在由北向南转移的趋势。

作为世界上最大的吸引外资经济体，虽然外资在我国经济转型和发展中起到了重要作用，但一些重污染行业，诸如玩具制造、塑料制造等投资行为也破坏了我国环境。根据 1995 年第三次工业普查数据可知，外商投资于污染密集型产业的比例为 30% 左右，许多国外禁止或废弃的工艺和产品转移到我国，引发的水污染、重金属污染等事故不断发生，对生态环境及人类健康造成了极大的负面影响（刘淑琪，2001）。许多国内学者通过水质、空气、土地、公共健康等环境指标进行分析，发现跨国公司向我国转移了大量的污染密集型产业，给我国生态环境造成了破坏（夏友富，1995；赵细康，2002；胡舜、邓勇，2008）。

"污染避难所"假说的理论基础来源于国家特定优势，国家特定优势属于邓宁（J. H. Dunning）提出的国际生产折衷范式（OLI）中的区位优势（Dunning，1998；薛求知，2007）的一个方面。国家特定优势是跨国公司海外投资的条件之一，是指某一地区在吸引外国投资方面存在的有利条件或优越地位。国家特定优势是一种综合性概念，包括生产过程中不可流动的中间产品要素禀赋，例如自然资源、劳动力、地理位置等，也包括投资环境，例如吸引外商投资政策法规优惠程度，政治、货币金融稳定性等（薛求知，2007）。每个国家所具有的特定优势都有难以模仿、复制以及路径依赖的特点。如果将环境要素也视作某种资源，一国的"环境要素禀赋"决定于两个因素：一是该国自然环境对污染的吸纳程度和再生产能力；二是当地政府、社会群体对污染的容忍度。显然，第一个因素由该国自然环境造成，是无法人为改变的。对于污染容忍度比较高的发展中国家，则拥有较为富裕的环境要素禀赋，在生产污染密集型产品上具有比较优势。这种要素差异推动了高污染、高消耗的产业向发展中国家转移，发达国家出现了"污染产业外逃"，使得发展中国家成为符合逻辑的"污染避难所"。

2. "污染光环效应"和企业特定优势（Firm Specific Advantage）

污染避难所的假说在逻辑上是合理的，但近些年来的实证却并不支持该观点。20 世纪 90 年代以来公众对环境保护要求日益增高，全球环保意识越来越强，企业从由事后进行废弃物处置转向从源头上杜绝污染的产生，遵守"生态效率"环保范式。同时，对于某些跨国公司而言，环境保护成本所占总成本比例并不大，其他非环境相关因素，例如市场环境、法律环境、劳动力成本等，对跨国公司的影响更甚。当企业全球化程度加深时，他们面临全球、母国以及东道国更多的压力来源，即使在环境管制宽松的东道国，也会实施比其标准更高的环境保护政策。国际可持续发展协会（Iniemational Institute for Sustainable Development，简称 IISD，2001）对此有以下解释："相比劳动力成本、政治风险以及其他生产资源可获取性，实施环境保护的成本是比较低的，尽管各国在环境管制政策上存在差异，这种差异不足以促使跨国公司进行生产转移。相反，企业更加在意来自全球和母国消费者对公司的看法，同时东道国地区未来的环境管制政策也会越来越严厉。"

所以第二种观点支持"污染光环"逻辑，认为跨国公司为发展中国家提供了新的环保技术和发展机遇，促进了东道国绿色生产，提高其可持续发展能力，进而有益于全球环境的良性发展。跨国公司主要从以下几个方面促进了环境管理。首先，跨国公司子公司之间的协作使得知识能够在全球范围内获取、构建和传播，先进的环境保护技术和标准转移到设置在发展中国家的子公司，随着跨国公司全球化经营传播到发展中国家，有助于提高总体环境管理水平。例如，多年前我国海尔集团与 Liebherr 公司合作，生产保护臭氧层的无氟冰箱（徐鹤、陈海英、廖卓玲，2007）。其次，在跨国公司管理上下游供应链时，处于全球生产网络中的东道国本土供应商会受到来自跨国公司的压力，提高环境绩效。最后，跨国公司会对其他当地竞争者产生模仿效应，尽管这些本土竞争者并非自愿采取绿色管理，但可能会由于来自于全球压力而改变行为模式，不得不实施环境管理，从行动上实施绿色管理。

国外学者也通过大量实证反对"污染避难所"假说。Mani 和 Wheeler（1998）对 1960~1995 期间贸易数据发现，跨国公司并没有显著向发展中国家转移污染，这些发展中国家由于经济发展和清洁生产技术的进步，已经开始对污染问题进行约束。他们认为实际上"污染避难所"假设只是"低工资避难所"的一个短暂过度。Blackman 和 Wu（1999）对中国电力行业进行了分析，认为跨国公司投资行为能够显著提高能源效率，降低废物排放量，近三分之一的跨国公司采用了先进的发电技术，近五分之一样本采用了可回收生产技术。Wheeler（2001）选取美国以及接受对外直接投资最大的发展中国家中国、巴西和墨西哥这四个国家的空气质量作为分析样本，研究结果表明全球化虽然导致了空气质量的恶化，但空气质量已经从最低点开始回升，并未处于一直下降趋势，所以竞次效应并不存在。并且，发展中国家并不仅关注于物质财富，收入和教育水平的提高使得他们逐步严格控制污染。Christmann

和 Tayor（2001）认为，由于全球化导致全球关系的增加，使得跨国公司的自我约束压力加强，他们运用来自中国公司的调查数据证实了跨国资本流入为环境保护带来了积极效应。Harrison（1994）考察了象牙海岸、墨西哥、摩洛哥和委内瑞拉四个发展中国家的跨国公司，并没有发现"环境避难所"的成立依据。相反跨国公司会提高当地工资水平，并带去先进治污技术，但这种技术转移仅存在于当地合资企业中。Mielnik 和 Goldemberg（2002）运用 20 个发展中国家数据实证发现能源利用率和外商直接投资额有显著正相关关系，跨国公司带来了更发达的技术改变了当地产业结构、生产率和能源利用率。Eskeland 和 Harrison（2003）认为虽然重污染行业更倾向于实施国际化生产，但跨国公司相比本土企业拥有更高的能源利用率和清洁生产技术。Aguilera - Caracuel 等（2012）基于制度理论和资源基础观的分析认为，运用美国、加拿大、墨西哥、法国和西班牙在三个不同行业的 135 个跨国公司样本，研究发现，财务绩效表现好的跨国公司更愿意规范自己的绿色行为，而不是在环境规制国家进行制度套利，进行污染密集型的业务。

国内学者运用国内研究数据，检验了对外直接投资是否能促进我国环境改善。刘红梅（2006）运用了 1992～2002 年期间省市面板数据，显示外商直接投资与工业污染排放之间有显著负相关关系，说明外商直接投资促进了我国环境质量。邓柏盛和宋德勇（2008）也认为对外直接投资带来了先进技术，有助于我国环境质量改善，但是进出口贸易并不利于我国环境发展。总体而言，国内就这方面的研究并不完整，也不如国外学者研究具有系统性。

解释"污染光环"效应可以运用跨国公司理论中的企业特定优势（Firm Specific Advantage，简称 FSA）概念。跨国公司优势论起源于 Hymer 写于 1960 年的博士论文，后经 Kindberg、Caves 等人的改进，运用跨国公司在母国的特有优势向东道国扩散来解释跨国生产的动因（薛求知，2007）。该理论认为由于最终产品市场的不完善，当跨国公司在母国取得垄断地位，当国内市场扩张到临界点时，跨国公司自然将其取得的特有优势向国外转移，在东道国最终产品市场获得类似于母国的垄断地位和利润。随后，不少学者提出了一系列以优势分析为中心的跨国公司理论，最具有代表性的是邓宁折衷范式理论，包括所有权优势、内部化优势和区位优势。企业特定优势包括专利、品牌等最终产品优势，也包括技术、组织管理能力等中间品优势。企业特定优势能够在国际范围内以很低的边际成本进行传播，跨国公司的某个子公司能够方便有效地利用这种优势。

　　跨国公司绿色优势可以划分为两方面,一是最终产品优势,二是中间产品优势,见图 2 - 3。最终产品优势是绿色产品所带来的企业特定优势,例如绿色品牌。绿色产品指生产过程及其本身节约能源、低污染、低度、可回收的一类产品。绿色产品能够促使人们消费观的改变,运用市场调节的方式促进企业以生产绿色产品作为获取经济利益的途径,从而形成企业特定优势。中间产品优势又可以分为两类,一类是源自于绿色技术,包括生产过程中节能减排技术、治污技术以及绿色产品研发技术等。绿色技术能够降低生产中的能耗,为企业节约直接的原材料成本,另一方面也能减少企业治污成本,避免违反规制而承受的损失。同时,绿色研发能力也为生产最终绿色产品奠定了基础。第二类中间产品优势是源自于绿色管理,涉及组织管理的各个层次和各个领域,包括绿色管理战略、绿色营销、绿色供应链管理、绿色物流管理等。绿色管理通过在企业中建立可持续理念,从总体和长远上考虑企业成长目标和方向,形成企业特定优势,促进企业持续成长。

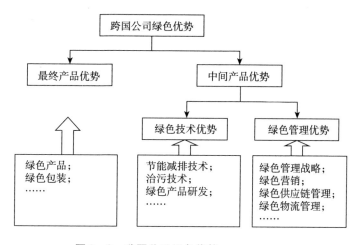

图 2 - 3　跨国公司绿色优势

资料来源:作者整理。

2.3.2　跨国公司绿色管理动机:合法性视角

　　合法性视角重点关注制度如何给予或阻止企业活动以获得组织合法性。制度被定义为一系列来自政治和社会机构的规制,制度通常通过法律、规则等正式规则和非正式约束对其他组织进行实施 (Henriques & Sadorsky, 1996;

North, 1990; Powell & DiMaggio, 1991）。跨国公司由于特定的全球影响力和活动范围，面临着来自国际社会、母国和东道国的利益相关者和制度规制（Kolk & van Tulder, 2010）。外部合法性需求对跨国公司产生出各种战略压力，跨国公司内部历史、认知水平差异使得它们做出不同的市场或非市场的战略反应（Kolk & Levy, 2003; Kolk & Pinkse, 2008; Levy & Kolk, 2002）

1. 外部合法性

由于主宰着污染密集型产业（Rugman & Verbeke, 1998），以及拥有更大的规模和实力，跨国公司更有能力去破坏或者改善环境，相比本土竞争对手，他们更容易受到政府、公众等外部力量对其合法性的审查（Christmann & Taylor, 2001; Christmann, 2004; Bansal, 2005）。同时由于特定的全球影响力和活动范围，他们面临来自各种渠道的制度规制。例如，Levy 和 Kolk（2002）分析了石油行业跨国公司应对气候变化的战略行为，发现东道国当地压力会促使跨国公司开始实施环境管理，但来自全球和母国压力是促使跨国公司进一步完善和成熟环境政策的动力。本文接下分析来自东道国、国际社会、非政府组织和母国利益相关者对跨国公司绿色管理的影响。

各国制度、文化上的差异，使得跨国公司更加重视在东道国的合法性问题。跨国公司需要处理不同利益相关者之间的利益差异，特别是母国和东道国环境保护制度发展差距比较大（Kolk & van Tulder, 2010）。由于部分跨国公司缺乏东道国默会知识和经验，其行为常常会偏离当地企业的做法（King & Shaver, 2001）。另一方面，由于跨国公司组织结构和解决问题方式固化，使得其倾向于抵制外部环境的变换，而依靠跨国公司原有的内部网络以及照搬他国经营来实施绿色管理（Rugman & Verbeke, 1998），偏离了东道国合法性要求。

国际社会力量主要来自国际法规，分为硬法和软法两个方面。硬法主要指国际法、公约和国际习惯等具有法律约束力的规范。在环境保护方面，主要有 1975 年生效的《国际油污损害民事责任公约》、1992 年生效的《生物多样性公约》（里约宣言）以及 1994 年生效的《联合国气候变化框架公约》等，是跨国公司制定绿色管理标准的重要渊源。国际软法则是相对于硬法的概念，包括政府间国际组织制定的不完全具备法律形式但能产生一定效果的国际组织宣言，涉及环境管理的有：经合组织于 1976 年通过的《OECD 跨国公司指南》；1999 年由联合国秘书长安南提出的《全球契约》。通常跨国公司违反了软法并不会受到法律直接制约，往往是受到舆论谴责、其他缔约成员的抗议等其他形式的外部压力。

消费者压力是跨国公司实施绿色管理的重要动因之一（Christmann & Taylor, 2001; Christmann, 2004）。来自母国的消费者通过在购买决策时考虑跨国公司的绿色管理行为，对其施加压力（彭海珍, 2007）。即使跨国公司在东道国的污染行为并不影响母国环境，但也会波及企业在母国或者其他国家的环境声誉。作为消费者压力的代表，非营利组织对跨国公司的作业也逐步增强。Kolk 和 van Tulder（2010）认为由于政府对全球经济管制能力不足，目前推动跨国公司解决环境问题主要来自非营利组织力量。例如 1991 年，国际标准化组织（ISO）成立了"环境战略咨询组"，将环境标准化问题提上议事议程。1996 年，ISO 颁布了与环境管理体系及其审核有关的 ISO14000 系列标准，引起了各国政府和企业界的重视。到了 1997 年底，颁布近一年时间，世界就有 1491 家企业通过了 ISO14001 标准的认证。我国截止 2003 年底通过该标准的企业总数已逾 5000 家（杨东宁 & 周长辉, 2005）。这类标准主要由企业自愿申请，通过来自于第三方审核、鉴定和认证，提高企业环境保护声誉。另一个例子是，1995 年英国壳牌石油公司准备将 BrentSpar 石油钻井平台沉入距离苏格兰海岸 150 里处的大西洋里，绿色和平组织发起了环保行动，号召消费者抵制其产品，壳牌石油不得不改变其废弃该石油平台的计划。

2. 内部合法性

除了外部压力，制度理论提供了一个解释组织内外部惯性的方法。一般而言，制度学派认为决定公司政策和结构的压力来自于三方面：政府规制、行业层面对组织政策和结构的影响、企业内部的管理认知和经验（Fligstein, 1991）。Darnall（2001）认为，要在公司层面上采用 ISO14001，首先需要基本的系统管理知识和现有环境管理能力的支持。Sharma（2000）通过实证研究发现企业是否采用 ISO14000 取决于决策者对外部因素的认知和理解。

在企业社会责任领域存在一些同构的理论，根据 DiMaggio 和 Powell（1983）的分析，由于企业社会责任因果关系不确定性和目标模糊性，企业通常会照搬在产品领域的做法，以减少问题解决方案的搜寻成本（Husted & Allen, 2006）。Husted 和 Allen（2006）将 Bartlett 和 Ghoshal 对跨国公司战略的分类运用到企业社会责任领域上，企业必须应对来自于不同利益相关者全球一体化和本土化的压力。然而由制度理论的逻辑可以推导出，跨国公司的企业社会责任战略会延续其产品战略，实施全球一体化/本土化。作者运用了基于墨西哥国内跨国公司的调查，发现制度理论的逻辑是成立的。

跨国公司在企业社会责任战略上采取与产品战略相一致的做法原因有三个：首先，企业社会责任被认为依赖于其他职能部门的管理，需要企业资本资源和管理能力的支持；其次，企业社会责任与经营绩效之间的关系并不明确（Hillman & Keim，2001），经理人会更加关注于能为企业带来利润的那些社会责任；最后，企业社会责任的目的含糊不清，并没有一个标准的要求，使得企业对其社会责任绩效无法进行很好的考量。但是这种照搬方法存在两个潜在的问题，一是企业组织结构和问题解决方式的固化，使得企业倾向于抵制外部环境的变换，二是企业可能会因此而忽略其他更有效的解决方案（Husted & Allen，2006）。例如企业社会责任的解决方案可能不同于产品解决方案，一个全球性的电信设备企业可能会面临强大的东道国环境保护要求，例如废弃电器电子产品处理问题，该公司虽然在产品市场上采取全球一体化战略，但在绿色管理上必须听从当地需求。

2.3.3 跨国公司绿色管理动机：资源基础观

Kolk 和 van Tulder（2010）认为跨国公司的企业社会责任被日益视为战略性行为，作为企业潜在竞争优势来源（Porter & Kramer，2006），从某种意义上说，企业社会责任影响企业的成长、盈利能力，甚至生存（Kolk & Pinkse，2008）。一些跨国公司正积极寻求不同国家和文化中企业社会责任战略和核心业务之间的联系，企业社会责任从边缘的公共事务转变成核心战略活动。环境问题，如气候变化，能帮助重新配置企业特定资源，给跨国公司带来培养"绿色"企业特定优势的机会，以获取企业生存、盈利和成长（Kolk & Pinkse，2008）。

在国际商务领域，这个议题的许多贡献来自于 Rugman 和 Verbeke 的一系列研究（Rugman & Verbeke，1998，2000）。他们试图将可持续发展通过商务领域中的议题联系起来，例如国际化、区位特定优势、企业特定优势、竞争力、公共政策以及跨国公司战略等。跨国公司是否进行全球可持续发展的投资可以运用 Rugman 和 Verbeke（1998）的资源基础观来分析，他们分析了在何种场合跨国公司会运用其资源来改善环境。他们认为，跨国公司只有在确认了这些投资可以增加其"绿色"企业特点优势时，才会运用其资源进行污染治理、减少废物排放等投资，同时跨国公司还会考虑这些资源利用潜力和灵活性。资源利用潜力是指该环保投资是否能够迅速产生企业特定优势，进而提高环境和产业绩效。Rugman 和 Verbeke（1998）认为这种潜力能够提高跨国公司市场绩效，帮助其拓展新市场，以及增加长远的、有价值的技术能力。资源灵活性意味着跨国公司是否能够灵活运用该资源，是否能够容易寻找替代资源。当然，企业希望运用最具有利用潜力和灵活性的资源来获得绿色成功。但可惜的是在许多情况下，环境保护方面的投资无法逆转，企业为此付出巨大代价而未能获取相应的绿色收益。特别是在不确定性比较高的情况下，例如规制、消费者反应或行业标准都不确定的情况下，企业可能会推迟进行环保投资。跨国公司必须在复杂的国际市场上面临不断变化的环境政策，所以往往采取谨慎的措施，他们怀疑各种政策变化所引起的投资灵活性，以及所引起的不可挽救的投资决策失误（Rugman & Verbeke，1998）。

许多文献分析了跨国公司如何改变它们的企业特定优势以应对绿色问题（Aragon-Correa & Sharma，2003），毫无疑问，跨国公司相比其他组织具有更强的资源能力和创新潜力，进而有能力开发出可持续的产品和服务（Hall & Vredenburg，2003）。一个典型例子是跨国公司会运用产品差异化，或者说绿色化来获取更高的销售溢价（Reinhardt，1998），另外一种途径是通过污染治理技术来降低产品成本（Christmann，2000）。但是需要指出的是，并不是所有的绿色管理行为都会增加跨国公司的企业特点优势。许多应对环境规制而开发的环保技术，对企业竞争力的影响甚微（Hart，1995；Russo & Fouts，1997），或者针对不同类型企业有不同影响。例如，停止对臭氧层破坏的规制会影响化工行业的战略，但对其他行业基本没有影响，因为化工行业是破坏臭氧层废气的主要来源（Levy，1997）。而气候变化问题对跨国公司产业影响范围比较宽广，更有可能影响跨国公司的核心业务（Hall & Vredenburg，2003）。另外，应对绿色问题必须要企业脱离现有的技术能力，而去开发新的、和现有能力不相关的特定优势。鉴于此，一些跨国公司到现阶段才开始应对环境保护问题。然而，有些先行者，特别是在环境问题比较严重的产业，已经开始着手以应对环境问题、获取特定战略优势为目的的环境保护投资（Hoffman，2005）。

环境保护投资除了能够增加跨国公司的企业特定优势，从资源基础观出发，Rugman 和 Verbeke（1998）认为环境保护投资也能增加区位特定优势。

跨国公司不仅面临是否开发绿色企业特定优势的问题，同时还要面临在不同环保制度环境和文化中处理绿色问题。而跨国公司所面临的战略复杂问题是如何将企业特定优势和区位特定优势相结合，通常他们会运用其企业特定优势，来最优化企业 - 区位特定优势之间的配置（Rugman & Verbeke，1992，2003）。这就意味着，仅仅局限于某一点的决策是远远不够的。相反，跨国公司必须不断调整自己的企业特定优势，甚至获取新的企业特定优势去应对这些环境问题。换句话说，跨国公司需要动态能力（Teece，Pisano & Shuen，1997），来不断调整企业特定优势对全球的环保问题进行积极响应，同时也要进行不断的学习来保持其未来企业特定优势（Zollo & Winter，2002；Winter，2003）。本文运用企业绿色战略和外部制度环境的四象限图来分析这一动态特征，如图 2 - 4 所示。

图 2 - 4　跨国公司环境战略和环境规制之间互动

资料来源：作者整理。

　　四象限图中的横向维度为环境规制水平，分为宽松制度约束和严格制度约束。宽松的制度约束并不意味着缺少明文规定的法规，而可能来自于法规执行的力度不够。由于新兴市场中缺乏合格的法规执行人力资源以及腐败文化，上有政策下有对策的现象经常出现。另外一个维度考虑企业对待环境规制的战略态度，分为反应型（responsible）和利用型（exploitative）。环境规制反应型战略意味着企业会投入资源致力于环境保护，期望企业长期收益能够弥补短期投资成本；环境规制利用型战略则是实现企业短期利润最大化，而最小化环境投资成本。

　　在宽松制度约束情境下，环境规制反应型和利用型战略的差异比较明显。在这种情境下，一个反应型企业会有机会成为环境保护方面的领导者和环保标准制定者（位于图 2 - 4 中左上角象限）。许多跨国公司被期望存在于该象限，一方面是因为其拥有卓越的资源和技术，另一方面是由于国际声誉促使它们相比其他企业有更多的环保考虑。环境保护所产生的额外费用可能并不是跨国公司主要战略关注点，因为基于其全球品牌地位，跨国公司更多地考虑差异化战略，而非成本领先战略（Porter，1985）。

相反本土企业往往居于图 2 - 4 中的左下角，因为它们资源技术有限，主要在低成本基础上竞争。它们的企业文化并不是环境友好的，因为在新兴市场国家发展历史中生态环境并没有得到足够的重视，同时这些企业也没有全球声誉需要捍卫。跨国公司和本土企业所处的象限位置并不是绝对的，例如许多实力雄厚的跨国公司借助东道国对它们经济和技术的依赖，进行生态环境制度套利（Brown et al.，1993；Frynas & Pegg，2003），采取利用型战略。

在严格制度约束情境下，环境规制反应型企业奉行符合环保机构要求的政策（位于图 2 - 4 中右上角象限）。许多跨国公司都属于这一类，拥有规模经济和成熟技术使得它们有能力利用双方资源优势，和环保机构进行合作。相比之下，采取环境规制利用型企业，面对严格制度约束时，可能会与监管机构进行讨价还价（位于图 2 - 4 中右下角象限）。这种现象经常出现在招商引资需求比较大的地区，例如改革开放初期的中国。如果企业没有足够的议价能力，它们可能会采取"污染 + 逃跑"的战略，"逃跑"意味着从"污染避难所"撤资。

2.3.4　跨国公司绿色管理动机：资源依赖观

区别于制度理论仅仅强调一致性、同构性，将规制和价值观视为企业战略要素，作为资源学派的另一个分支资源依赖观则从政治或权力的观点解释跨国公司实施绿色管理。资源依赖学派萌芽于 20 世纪 40 年代，Salancik 和 Pfeffer 于 1978 年出版的《组织的外部控制》（The External Control of Organiza-tions：A Resource Dependence Perspective）为代表被引入到组织关系研究中。资源依赖理论的核心假设是组织需要通过获取外部环境中的资源来维持生产，没有组织是自给自足的，都需要同外部环境进行交换。资源依赖理论强调组织权力，把组织视为一个政治行动者，而非仅仅完成组织内部任务。对于外部环境，资源依赖理论认为组织战略应该试图控制拥有某些资源的外部组织；对于组织内部因素，资源依赖理论认为能够提供资源的组织成员比其他成员更加重要（Salancik & Pfeffer，1978）。

　　制度理论认为为了获取社会合法性，企业会忍受各种环境规制，无论是正式的环境法律规制，还是来自非营利组织非正式环保期望（Dasgupta，Hettige & Wheeler，2000；Hettige et al.，1996；Jennings，Zandbergen & Martens，2002；Milstein，Hart & York，2002；Bansal & Roth，2000）。资源依赖观则持相反观点，认为企业会配置其资本、技术和人力资源来发展企业特定优势，以摆脱外部环境规制，所以跨国公司会提供东道国政府某些补偿以获得当地规制的灵活性处理。即使面临严格的规制，Porter 和 Linde（1995）指出，企业会调动其内部资源以应对外部环境约束，例如企业可以采取更多的创新，追求更大的资源配置灵活性和有效性，减少环境负担。除此之外，资源依赖理论认为外部组织和企业之间权力并不对称，Salancik 和 Pfeffer（1978）指出企业经理人在一定范围内，会为实施企业战略而同外部资源供应者进行谈判和协商（Pfeffer，1993）。企业资源依赖理论，或者说权力学派、政治视角是指企业内外部权力的配置和运用，可以解释公司为什么进行主动型战略反应。例如 Darnall 等（2008）通过经合组织调查数据，分析了加拿大、德国、匈牙利和美国制造业企业，结论表明跨国公司实施环境管理体系的动机是为了获取互补性资源和能力（而非制度压力），所以实施环境管理体系会显著提高企业的经营绩效。

　　运用企业权力学派两个理论观点"议价能力"和"战略选择"，分析跨国公司实施绿色管理战略。议价能力作为资源依赖理论的一种补充，认为企业讨价还价能力会调节对外部资源的控制（Blodgett，1991）。议价能力也可以被视作对外部制度的战略性响应，企业通过谈判，或者通过提供其他有价值的条件，如为当地创造就业机会等，争取更宽松制度环境（Leonard，1988）。例如跨国公司可以利用资本、技术优势，换取东道国政府对其环境污染的放松管制，或者利用其环保技术专长，选择更加有利于企业发展的优越条件。战略选择认为企业将资本撤离较为敌对的制度环境，而选择一个宽松的、有吸引力的环境经营。战略选择理论也分析了一些企业管理人员与外部环境的非正式接触，诸如信息交换、游说等，这些非正式接触有益于企业发展。换句话说，战略选择的观点认为，企业可以通过对不同制度环境选择，或者在该制度环境中寻求适应和合作，以获得企业的生存与发展。

　　但是总体而言，运用合法性视角和资源基础观来解释跨国公司实施绿色管理动机的文献较为丰富，而资源依赖观由于源自政治学的背景，并没有被太多的管理学学者运用到解释跨国公司的绿色管理中。

2.3.5　跨国公司绿色管理战略：全球一体化和本土化

1. 企业社会责任战略：全球一体化和本土化

经济发展的全球化，不仅要求企业运用全球化的视角看待企业业务，还要求企业能够真正在全球范围内配置资源与开拓市场，在全球范围内塑造企业核心竞争力（Miller，2004）。所以对于跨国公司而言，在实施国际化的第一天就面临战略抉择，特别是国际经营中全球一体化（global integration）与本土化（local response）的选择问题（Bartlett & Ghoshal，1989），称为 I/R 分析框架。跨国公司全球一体化是指以母公司为核心，海外各分支机构及子公司之间形成全球统一的运营和管理网络。本土化则是海外子公司在东道国经营过程中，适应东道国政治、文化、经济环境，在人力资源、技术开发、组织管理等方面实施当地化策略。因此本土化又称为跨国公司当地响应能力。国际商务领域对跨国公司全球一体化和本土化有许多精彩论述（Bartlett & Ghoshal，1989；Prahalad & Doz，1987；Yip，1992），也有一些实证研究验证了跨国公司的全球一体化/当地响应战略，以及不同职能层面，例如组织流程、组织结构、研发等议题战略全球标准化的决定因素，（Hannon，Huang & Jaw，1995；Johansson & Yip，1994；Kobrin，1991；Laroche et al.，2001）。

跨国公司企业社会责任的一体化/本土化越来越得到战略领域学界的重视，当跨国公司子公司在东道国进行企业社会责任实践时，它们往往面临一个问题，是否采取全球一体化社会责任战略，或者调整子公司的企业社会责任战略以满足东道国的背景，实施本地响应战略。但关于企业社会责任 I/R 分析理论性文献比较少。有学者从社会契约的角度研究企业伦理，并运用到企业社会责任中（Garriga & Melé，2004）。Donaldson 和 Dunfee（1994）认为存在一系列普适性的经济道德原则，无论是供应商还是销售商都应该遵守，这种普适性原则包括宗教、文化以及哲学信仰等。企业的社会责任可以和这些普适性原则有所差异，但不能违反这些普适性原则。近些年有一些实证研究证实了普适性原则和当地规范之间的差异（Spicer，Dunfee & Bailey，2004），其他例如批判性理论也同样证实了这两者差异的存在（Reed，2002）。这些研究表明，将企业社会责任的全球化和当地化进行区分是有一定可行性的。

传统研究通常运用利益相关者理论来解释企业社会责任，认为公司战略决策要基于公司内外部利益相关者的权衡（Burke & Logsdon，1996；Waddock & Boyle，1995）。如果子公司选择这种全球一体化战略，母公司可以更有效地将原先实践经验传递给子公司，子公司成为一种至下而上执行全球化标准的机制（Child & Tsai，2005；Tsai & Child，1997）。另一方面，制定一个互惠互利的利益相关者图谱需要当地卷入，这就意味着子公司必须实施当地响应。但是当地响应的、分散的企业社会责任战略，会引起组织内部管理矛盾增加，责任不明确，会导致跨国公司内部管理的紧张和外部缺乏一致性，对协调、控制能力具有更高要求（Cray，1984；Hannon et al.，1995；Porter，1986），从而增加管理复杂性。这意味着一个完全当地响应的企业社会责任战略，会因为子公司自主权给跨国公司带来一定的风险，引起组织内部管理矛盾增加，责任不明确，使得当地响应战略可能成为被动反应式战略，而仅满足东道国最低法律政策要求（Christmann，2004；Meyer，2004）。所以，一种由此产生"综合（integrated）"的战略，特别是在环境管理方面，是指母公司对子公司实施战略控制，但给予子公司战略制定和实施自由的战略设计（Christmann，2004）。这种"综合"战略，其本质上是融合一体化和当地响应两种战略的优点，避免单一战略所带来的弊端。

2. 绿色管理战略：全球一体化和本土化

本地化的企业社会责任是为了满足当地社区的标准，而全球一体化则涉及公司需要满足各种社会的标准。所以一些学者将企业社会责任问题进行了解构研究，划分为全球性问题和当地问题（Husted & Allen，2006）。一些超越国家的，例如人权保护（De George，1993）和环境问题（Frederick，1991；Gnyawali，1996），将这些问题称之为全球性问题。针对这些问题出现了一些国际协议，例如联合国全球契约（UN Global Compact），该契约提供了一整套处理全球性企业社会责任问题的体系结构。这些协议出现前提假设认为跨国公司不会单独去解决全球性问题，往往需要同政府或非政府组织的合作。当地问题主要和全球性问题相对应，是指根据每个区域需求和情况不尽相同的社会责任（Reed，2002）。跨国公司处理这类社会责任问题时无法达到全球一体化，例如在南非企业有必要帮助政府应对失业和艾滋病问题（De Jongh，2004）。

2.3.6　跨国公司的企业社会责任对全球价值链的影响

跨国公司是否愿意采取措施应对环境规制，并且到哪个程度，取决于是否会影响跨国公司上下游运营，是否会对整个价值链产生影响（Rothaermel & Hill，2005；Tripsas，1997）。为了应对环境问题，跨国公司既可能会采取来自于价值链上端的措施，诸如研发、原材料供应、资本劳动力改善（Rugman & Verbeke，2004；Rugman，2005）。例如，一个可能的方式是，跨国公司会在价值链上游的研发阶段进行投入，产出环境友好的产品，而在价值链下游的营销阶段获得利润。同时跨国公司也可能采取来自价值链下游的措施，诸如销售、营销、分销等（Rugman，2005；Rugman & Verbeke，2004），例如对营销阶段物流管理的绿色化。

环境规制为跨国公司带来价值链上发展企业特点优势的机遇，进而抵御竞争对手（Tripsas，1997）。一个更具有挑战的例子是，跨国公司可能同时在上、下游价值链上构造基于绿色管理的企业特点优势，这将有助于企业可持续竞争优势的塑造，因为这种投资是难以模仿的（Verbeke，Bowen & Sellers，2006），并且需要企业具备整合上游技术优势和下游非技术优势的能力（Rothaermel & Hill，2005）。然而，这对跨国公司而言也是一个挑战，因为绿色竞争优势可能要打破跨国公司原有优势，或者无法从原有优势中传承，这无疑给它的竞争者敞开了一个可乘之机（Tripsas，1997）。

目前普遍存在跨国公司在全球价值链中应承担企业社会责任的看法，该看法是建立在对"责任（responsibility）"概念、道德（包括法律的）基础观念上的。跨国公司的品牌形象可能因为其供应商社会责任缺乏而遭受牵连。针对这种情况，在价值链中，较强势一方（主要指跨国公司）可以通过权力影响较弱的一方。这些影响包括引导、公司文化、抗压力集团活动、个人培训及价值观重塑等可能的方式对价值链中企业社会责任实施积极影响，构成有责任的价值链管理。一般认为在经济关系中，强势的一方应该为弱势的一方负责（Reed，1999）。作为买方的跨国公司一般比供应商议价能力更大，更有可能对供应商施加成本压力，因而对供应商产生影响。在大多数的跨国公司中，供应商选择的基本准则是"Q. C. D. S"原则，即质量、成本、交付与服务并重的原则。近年来，跨国采购的标准日益提高，新增了环保认证考核、电子商务应用程度和安全品质考核等三大考核标准。特别是 2000 年以后，大多数欧美跨国公司都对其全球供应商实施企业社会责任评估和审核，将其作为建立合作伙伴关系的前提。企业社会责任开始越来越多地出现在跨国公司订单的附加条款中，从而将企业社会责任扩展到作为生产制造基地的发展中国家，只有通过认证才能使企业得到更多来自跨国公司的市场机会。

2.3.7 跨国公司绿色管理研究评述

以往文献关于跨国公司绿色管理的研究，是从不同维度进行考察的。这些研究成果主要集中在战略层面，包括战略类型、驱动因素及其后续影响，取得了一些成果并且就企业绿色行为的重要性达成了普遍共识，为本文提供了理论基础。首先是跨国公司对东道国的影响，学者们对此基本形成共识，即早期跨国公司可能存在制度套利、"污染避难所"现象，但随着东道国经济的不断发展以及各种利益相关者的关注，越来越多的跨国公司开始关注并着手处理面临的环境问题，运用先进的资源和技术，对东道国环境产生正向影响。研究议题从"跨国公司是否对东道国环境存在危害"转移到"跨国公司对东道国环境正向效应的影响机制"。其次是跨国公司绿色管理动机，学者们从制度合法性视角、资源基础观和资源依赖观三种角度进行分析。其中制度理论和资源基础观的研究成果较多，资源依赖观作为一种新的组织管理理论，通过政治权力的视角去解释跨国公司的绿色管理，虽然文献较少，但别有新意。第三，运用 Bartlett 和 Ghoshal（1989）的分析框架，分析了跨国公司绿色管理的全球一体化和本土化战略。最后，将跨国公司置于全球生产网络中进行分析，作为议价能力比较大的买方，跨国公司有责任对上游供应商进行绿色管理约束。

跨国公司绿色管理的理论和实证也存在一些不足之处，问题主要在于：

（1）国外学者从理论和实证两方面探讨了跨国公司的绿色管理或环境效应，但大多以发达国家为背景。国内学者多数集中于跨国公司和生态环境的状态描述，而没有深入探讨二者之间的因果关系和作用机制。虽然认为跨国公司是地区生态环境变化的驱动因素，但二者之间的关系是通过"黑箱"机理联系起来。本文将对此机理建立经济学理论模型，深入探讨跨国公司对东道国环境作用渠道的机理分析。

（2）国内学者对该问题的研究大多采用定性分析方法，但是考察某个国家或地区跨国公司的环境效应，必须要通过大量数据支持。缺乏实证检验会极大限制对此问题研究的普适性，本文通过行业面板数据进行实证研究，检验了三种渠道中跨国公司溢出效应是否存在，提高研究的可信度。

2.4 跨国公司溢出效应相关研究和评述

最早提到溢出效应（spillover effect）的是 Caves（1974），他将潜在的溢出效应区分为三类：配置效应（allocative efficiency）、技术效应（technical efficiency）、技术转移效应（technology transfers）。Kokko（1992）认为溢出效应是指发达国家在其他国家，特别是发展中国家进行直接投资时，将其先进的生产技术、知识技能、经营理念、管理经验等通过扩散途径，渗透到当地的其他企业中，从而促进东道国企业技术提高，是一种经济外部性的表现。随着全球化的逐步深入和越来越激烈的商业环境竞争，超国家团体、跨国公司、政府间组织各种组织形式越来越多地渗透到全球生产网络中，企业行为跨组织、跨地区的溢出引起了社会科学、生物科学以及系统工程等学科的关注，是组织管理领域迫切需要解答的问题之一（Guler, Guillén & Macpherson, 2002；Meyer & Sinani, 2009）。

国外学者对企业溢出行为的影响因素做了研究。一些学者使用了少数国家的案例进行比较研究，认为国家制度会影响组织行为溢出的途径和效果（Gooderham, Nordhaug & Ringdal, 1999）。也有学者认为，仅仅考虑国家宏观层面的制度对企业行为溢出的影响是不够的，产业层面以及企业微观层面的制度安排对溢出效应均有显著影响（Kostova & Zaheer, 1999）。所以，有学者从各个层面分析了制度对跨国行为扩散的影响，包括国家结构、产业专业化水平、文化差异等（例如 Guler, Guillén & Macpherson, 2002；Meyer & Sinani, 2009）。

在以往相关领域的研究中，认为外商直接投资对东道国会产生技术溢出效应已经成为共识，并有较多的研究成果。在理论方面，Markusen 和 Venables（1999）运用累积因果关系模型（cumulative causation）分析了跨国公司在东道国发展过程中的累积技术溢出效应，结果表明跨国公司通过后向关联进行技术转让形成的技术扩散会提高东道国下游本土企业竞争力，形成反哺效应；Feenstra 和 Hanson（1996, 1997, 2001）构造了中间品生产外包对东道国技术进步的连续统（continuum）模型；Gachino（2010）对跨国公司产生的技术溢出研究有一个系统的梳理，认为不能仅仅研究单向溢出效应，还必须在研究中加入知识反馈的内容。但是对于组织管理的溢出效应，研究成果并不丰富。Guler 等（2002）运用面板数据分析了在 1993～1998 年期间，ISO9000 质量管理这一政策在 85 个国家企业中的传播过程。研究认为跨国公司的强制力量、规范力量以及当地企业的模仿效应，会迫使东道国其他企业主动实施 ISO9000 质量管理体系。

就溢出的内容看，研究跨国公司技术溢出行为的文献汗牛充栋。但是，几乎没有文献研究跨国公司绿色管理的溢出行为，特别是跨国公司的绿色行为对当地产业和环境形成"溢出"现象的理论探索和实证研究。而该问题对于更深层次地理解跨国公司绿色管理以及提高东道国企业环境管理都很重要，这也为本文提供了研究空间。

2.5　本章小结

本章是文献综述，首先介绍了西方企业绿色管理思想，指出绿色管理研究中占主导地位的三个理论：环境经济学、制度理论和战略管理理论。接下来，分析了跨国公司绿色管理行为，包括对东道国环境影响、战略动机、战略类型，以及跨国公司在全球价值链中绿色管理的作用。最后回顾了跨国公司溢出行为，包括技术溢出行为和管理溢出。

第3章　跨国公司对本土企业绿色
管理战略的影响机理分析

本研究的重点是跨国公司如何将绿色管理传递给上下游本土企业及本土竞争者，资源基础观重点考察了内部资源能力对企业战略的影响，合法性视角则将绿色管理视为一种外来压力，而资源依赖观能够很好地解释两个权力个体之间相互博弈的关系。所以本章基于资源依赖观的视角，研究本土企业对跨国公司所带来的一系列资源的依赖程度，以及跨国公司特有的权力地位对本土企业绿色管理的影响。本章首先概述了跨国公司目前对上下游供应链绿色管理的整合现状，本土企业实施绿色管理障碍，接下来运用资源依赖观分析了跨国公司对本土企业绿色管理战略的影响机理，包括绿色订单效应，以及跨国公司影响以非营利组织为代表的公共关系资源、政府政策资源等。

3.1　跨国公司在上下游供应链中的绿色管理能力

3.1.1　在华跨国公司绿色管理现状

随着全球化的不断深入，跨国公司在一国经济发展中起着越来越举足轻重的作用。跨国公司通过世界范围内的资源配置，通过生产、交换和消费将世界经济联系在一起。跨国公司对东道国资源配置、产业结构升级、技术溢出等效应，受到了学术界的关注。随着世界各国人民对环境问题关注的日益增加，环境污染、生态恶化等也被纳入到全球化带来的负面影响中，成为迫切需要解决的问题之一。除了各国政府对解决环境问题的职责之外，1992年6月在巴西里约热内卢举行的联合国环境与发展会议指出，联合国、非营利性组织以及跨国公司等超国家行为体已经成为关注、解决环境问题，倡导生态文明的重要力量（薛求知、高广阔，2004）。

跨国公司关注环境问题的原因有以下三方面：首先，跨国公司是全球性环境问题的主要责任人。跨国公司在全球经济一体化过程中起到了不可替代的作用，但随之而来的是无国界经营对区域甚至全球环境的负面影响。例如，1984 年 12 月 3 日凌晨，印度博帕尔市的美国联合碳化物属下的独资子公司发生氰化物泄漏，引发了严重的后果，造成了 2.5 万人直接致死，55 万人间接致死，成为跨国公司史上的一大悲剧。面临愈演愈烈的环境问题，国际社会以及东道国政府都为保护区域环境，对跨国公司施加压力，要求其进行相应的环境管理。另一方面原因在于，许多全球性问题单靠一国政府之力无法解决，例如全球性碳排放问题，必须有超越国界的组织来承担这个任务。相比其他超政府组织，日益壮大的跨国公司拥有雄厚资本、先进技术，无疑是该问题解决者的首选。再者，随着全球公众对环境保护意识的增强，基于公司核心竞争优势的战略考虑，传统组织管理模式受到严峻挑战。对于环境问题的关注是跨国公司全球化经营中必不可少的环节，绿色管理成为跨国公司塑造全球竞争力的手段之一。所以，跨国公司对于生态环境的态度和处理方式，就成为必须考察的内容。

跨国公司在我国投资逐年攀高的同时，也对我国生态环境产生了一些负面影响。跨国公司所带来的污染问题主要集中在两个方面：一方面是集中于投资污染密集型制造业（夏友富，1999），将重污染、高能耗的产业转移到我国国内（宋婷婷、李蜀庆，2007）；另一方面则是在我国采用淘汰的治污技术和落后治污设备的转移（刘淑琪，2001）。虽然这些跨国公司在其他发达国家能够很好地应对污染问题，甚至做到零污染，但进入中国后却成为"排污企业"或"污染大户"，严重影响了中国的生态环境。2006 年 10 月公众环境研究中心①曝光了 33 家在华知名跨国公司的污染企业名单，引起了我国政府和公众的关注。在这份即时更新的名单上，从 2006 年 10 月的 33 家，到 2007 年 6 月的 80 家，再到 2007 年 8 月的 90 家乃至数百家，在华违规污染的跨国公司数量迅速攀升。这份名单中，不仅包括世界 500 强的松下、百事可乐、雀巢等，还包括消费者所熟知的日清、肯德基、花王等品牌。不仅如此，许多跨国公司在 2006 年就因同样的问题被曝光，却没有表现出收敛和积极处理的

---

① 公众环境研究中心（Institute of Public & Environmenta Affairs，简称 IPE）是一家在北京注册的非营利环境机构。自 2006 年 5 月成立以来，IPE 开发并运行中国水污染地图和中国空气污染地图两个数据库，推动环境信息公开和公众参与，促进我国环境治理机制的完善。

态度，而依然在名单上风头日盛。

但另一方面，跨国公司也是我国环境保护发展的积极因素。戈爱晶和张世秋（2006）对在华跨国公司的环境管理现状进行了研究，发现在华跨国公司环境管理绩效略优于本土企业，并且跨国公司环境管理开展领域较本土企业更为深入。表3－1显示了跨国公司和本土企业绿色管理开展领域比较，以此反映企业环境管理的深入度。可以发现，虽然污染物末端治理和有毒有害物质管理仍然是跨国公司环境管理的重点，但跨国公司在各个领域的环境管理工作都好于本土企业，不论是生产过程中还是在最终产品的环境特性上。表3－2显示了跨国公司和本土企业采用的环境管理制度，结果显示跨国公司ISO14000环境认证体系的贯标率要远远高于本土企业，特别重视环境管理工作的内化，不仅在生产过程中进行被动式的环保反应，而是将环境问题上升到企业战略层面，主动实施全面的环境质量管理。

表3－1　跨国公司和本土企业绿色管理开展领域比较

环境工作的领域	跨国公司（%）	本土企业（%）
污染物的末端治理	64.4	53.8
有毒有害物质的管理	66.7	35.9
生产过程的废物管理	91.1	74.4
技术改进	48.9	38.5
新产品的设计生产	33.3	33.3
最终产品的环境特性	24.4	10.3
危险品管理、新项目投资和安全生产	2.2	7.7

资料来源：戈爱晶和张世秋（2006）。

表3－2　跨国公司和本土企业采用的环境管理制度

环境管理系统	跨国公司（%）	本土企业（%）
ISO14000 系列	46.7	15.4
ISO9000 系列	64.4	46.2
节能、降废、减污	44.4	41.0
全面环境质量管理	11.1	2.6
产品生命周期管理	2.2	5.1
清洁生产	33.3	30.8
其他	2.2	10.3

资料来源：戈爱晶和张世秋（2006）。

来自发达国家的跨国公司绿色管理水平高于本土企业，可能会对我国企业环境管理产生积极作用。例如拉法基公司在 1990 年至 2010 年间确定了在全球范围内每吨水泥减少 20% 的二氧化碳排放目标，在中国重庆的拉法基工厂废气排放浓度远远低于重庆市 30 毫克/标立方米的排放标准。松下公司自 2007 年 4 月开始实施了"中国绿色计划"，主要包括"提高所有产品的环境性能况""将所有工厂创建为清洁工厂"以及"所有在华企业实践绿色行动"三个方面。沃尔玛的绿色供应链计划则要求包括供应商、配送中心、卖场等在内的所有环节都必须经过环保标准认证，在全球带动上下游供应商围绕环境问题进行创新，并制订了三大环境保护目标：百分百使用可再生资源、零浪费以及出售利于资源和环境的商品。这些在华实践不仅为沃尔玛提供了间接品牌效应，也提供了直接的经济效益。例如，沃尔玛和科技部直属事业单位中国 21 世纪议程管理中心（ACCA21）在供应商中启动"企业创新与可持续发展能力建设项目"，经过四家企业清洁生产的试点，截至 2009 年 12 月，共投资约 179 万元，实现经济效益约 512 万元。由此可见，在华跨国公司一方面可以间接的示范、楷模作用，影响我国本土企业，也可以通过供应商要约等形式对本土企业产生直接影响。

3.1.2 跨国公司对上下游的绿色整合

随着全球经济的快速发展，跨国公司原有大而全的经营模式已逐步被淘汰，仅仅依靠自身资源和能力无法应对这种全球竞争。另一方面，随着政府和公众对环境问题认识的不断深入，上游供应商的环境表现同跨国公司本身形象紧密地联系在一起。例如，耐克公司就曾经因为供应链上工厂水污染情况而受到质疑，被迫推行"水项目"，以鼓励上游供应商水资源管理的改善。通过重塑企业内部治理结构、调整经营策略、与上下游企业合作等方式，跨国公司鼓励处于同一供应链上的企业遵循相关环节政策，并督促其实施有效的环境管理，使得绿色管理系统化。跨国公司对上下游的绿色管理主要是依靠"买家主导型商品链"来实施的（罗双临、戴育琴、欧阳小迅，2009）。"买家主导型商品链"意味着跨国公司在供应链中具有主导地位和更强的议价能力，使得跨国公司在同供应商合作时拥有更多的话语权，例如敦促供应商执行 ISO14000 环境管理体系等。

跨国公司通过对外直接投资、国际分包、国际战略联盟以及跨国采购等形式，将生产经营中的上下游延伸至世界范围，实现世界范围内资源的最优配置。同时，也将面临环境保护的压力传导给分散在世界各地的供应商，如图3-1所示。跨国公司面临来自国际组织、母国利益相关者和东道国利益相关者对于环境保护的压力，进而将这种压力传递给各地供应商，这种压力传导行为使得发展中国家的供应商相比其他本土企业有了更高的环境保护要求。对于跨国公司而言，无论是实施生产前的污染防治、可再生原材料采购，还是最终产品回收、废物妥善处置等，和环境相关的问题总会同时涉及到企业内部和外部的活动。对上下游环境管理可以被看作跨国公司对外部两个或多个有合作关系组织在环境问题上的管理，包括优化组织间资源配置以减少对生态环境的影响，这种管理就需要跨国公司拥有强大的整合与协调能力，例如物流管理中的信息处理能力。

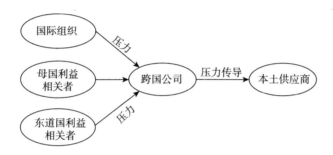

图3-1　跨国公司绿色管理压力传导示意图

通常而言，根据跨国公司自身资源和能力的多少，可以采用两种不同的方式来管理、优化或影响供应链中其他成员的绿色行为。例如，一个实力雄厚的跨国公司可以将环境问题进行内部化，直接利用自身资源进行投资，改善供应链成员的环境管理。相反，它也可以将环境问题外部化，利用市场机制去影响供应链成员的绿色行为（Krause，Scannell & Calantone，2000；Husted，2003）。Vachon 和 Klassen（2006）将这两种方式称为环境监测和环境合作。环境监测是指利用市场或采购组织进行评估和控制其供应商的行为（Krut & Karasin，1999），而环境合作则是指直接参与供应商的经营，共同应对环境问题（Geffen & Rothenberg，2000；Florida，1996；Roy，Boiral & Lagacé，2001）。

环境监测包括通过搜集公开披露的环境记录数据、特定公司的调查、由买方或独立第三方进行的环境审计等，对供应商行为进行监管。上游供应商环境行为在消费者心目中已经同跨国公司捆绑在一起，所以供应商环境检查、审计或者违反污染规制的行为备受跨国公司关注。例如，耐克在某些发展中国家的水污染问题使得其在全球的形象受到损害（Wokutch，2001）。鉴于此越来越多的化学品上游生产商采用积极的环境管理措施，以保证其下游企业能够不遭受环境问题的质疑（Snir，2001）。环境监测也可以是供应商自愿地采用环境标准化管理，这些标准化评估体系越来越多地被嵌入到跨国公司对供应商选择和评价体系中。例如 ISO14000 认证体系，大众、通用等几家大型汽车公司都要求其一级供应商拥有 ISO14000 认证体系，这些环境认证体系成为对供应商施加环境管理要求的有效手段。遵循同样的逻辑，消费者对产品某个部件的要求，也可以成为跨国公司对供应商施加压力的一个动因。例如，以环境保护为卖点的消费品制造商（如美体小铺，the body shop），可以要求其包装供应商提供环境友好的包装。综上所述，环境监测具有外部化属性，跨国公司通过市场机制来影响其上游供应商，来达到某种环境标准。环境监测的重点在于供应商必须通过某些环保方面的认证，例如 ISO14000 或 EMAS（生态管理审核规则），遵循某些环保规定，例如污染排放上限、有害物质排放标志、绿色节能标志等，以及获得环境相关的认可文件。

相比环境监测，环境合作则具有内部化属性，需要跨国公司投入特定的资源同上下游之间共同合作，以解决供应链中的环境问题。作为主导方的跨国公司的协调和整合，这些活动可能会产生协同效应，使得供应链上下游均能获益。例如，化学品供应商可以参与到他们顾客的生产中，解决环境问题同时提高化学品的利用率。类似的案例已经出现在汽车生产过程中（Geffen & Rothenberg，2000），汽车油漆供应商会出现在整车制造现场，指导油漆的使用并开发出更好的油漆产品，减少挥发性有机化合物（VOC）的排放，进而减少汽车制造商面临的环保压力。环境合作包括上下游间对环境问题联合规划、环境保护的知识共享、共同研发绿色产品、共同进行环保公益活动，以及减少供应双方物流的浪费。相比环境监测，环境合作重点不在于对供应商的直接作用，而关注于如何协同上下游成员，共同实现绿色生产以及开发出最终的绿色产品。

图 3-2 展现了对于上下游管理的两种方式，跨国公司通过环境监测或环境管理两种方式对供应链成员进行管理和整合。这种整合可以在具体经营操作层面，例如对物流管理的整合，也可以在更高的战略层面，例如对知识技

术管理、信息系统的构建等。跨国公司管理方式的差异取决于自身资源和能力的大小，也取决于供应链成员的特点、类型、所处行业等差异。具体的，跨国公司可能采用高合作高监测、高合作低监测、低合作高监测以及低合作低监测四种不同的管理模式，如图 3 - 3 所示。

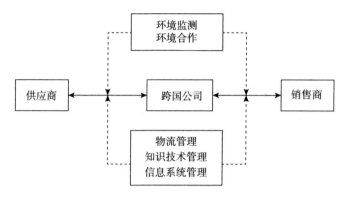

图 3 - 2　跨国公司对环境问题的上下游整合

资料来源：Vachon & Klassen，2006。

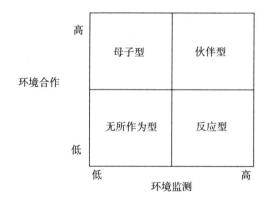

图 3 - 3　跨国公司环境管理的四种模式

采取高环境合作管理方式的跨国公司通常拥有较多的资源和能力，对于环境问题也通常是采取主动型战略。如果跨国公司采用高环境合作 + 高环境监测，则称之为伙伴型（图 3 - 3 的右上），例如沃尔玛。这种环境合作往往是建立在环境监测基础之上的，供应商只有通过了跨国公司的环境监测，才能进一步被纳入到环境合作体系中。沃尔玛在要求供应商必须通过当地环境保护要求、满足环保规范后，又采取了一系列措施帮助供应商实施绿色管理，例如"农超对接"项目、"企业创新与可持续发展能力建设"项目。以"企业创新与可持续发展能力建设"项目为例，沃尔玛对供应商进行了 CEO 管理和技术培训，完成了食品、服装、电子、玩具等行业四家企业的清洁生产审核试点以及项目成果评估，并通过编制宣传资料在项目成果的宣传推广上取得成果。高环境合作 + 低环境监测（图 3 - 3 的左上）往往是完全内部化的结果，可以称为母子型，例如跨国公司对直属供应子公司的管理，将先进的环境保护技术在子公司范围内推广等。

采取低环境合作管理方式的跨国公司往往不具备太多的环境管理资源和能力，但战略上可能会有所差异。低环境合作 + 高环境监测（图 3 - 3 的右下）的跨国公司是运用外部化或市场机制来管理上下游成员的，跨国公司自身在环境问题上可能采取主动型战略，建立了对外部成员的监测体系。这类监测体系包括东道国环境保护政府部门、非营利组织、国际或母国舆论报道等，例如公众环境研究中心就是一家非营利机构，为跨国公司采购提供了中国供应商的水污染监测情况。Timberland 公司的 CEO 就根据该中心提供的监测数据对其供应商上海国富皮革有限公司施加压力，最终促使其实现绿色生产（马军等，2010）。低环境合作 + 低环境监测（图 3 - 3 的左下）的企业通常采取被动型战略，甚至逃避不理会外部环境管制，称之为无所作为型。这类跨国公司通常不重视环境问题，对上下游供应链成员没有施加相应的影响。在现阶段，这种类型公司比例较少，也无法受到政府、公众的容忍和支持。

作为在全球经营的企业，不同地区的制度、经济、文化环境，增加了企业经营的复杂性和不确定性，也是跨国公司所面临的一个挑战。对环境问题上下游成员的跨境管理不仅要求跨国公司本身具备良好的上下游整合能力，也必须处理国际社会、母国以及东道国的差异。整合、协调组织与外部关系是企业核心能力中的重要组成部分，而跨国公司全球资源采购使得这一能力变得更加突出。通常认为，跨国公司对上下游供应链成员的整合必须要建立信任关系以及维持合作关系。建立信任关系可以降低供应链上企业间交易成本，有利于信息交流，减少合作成本，最终是跨国公司和其他成员共同受益，得到整体竞争力的提升。维持良好的合作关系则可以增加合作双方的信息，推动两者关系向前发展。

3.2 本土企业绿色管理的现有障碍

3.2.1 生态意识缺乏

即使受到外部规制的压力，只有当企业具备了一定的生态意识才能对实际绿色管理产生影响。但目前大部分本土企业并没有意识到可持续发展的重要性，无法将环境保护和企业实际经营联系起来。部分本土企业还习惯于粗放的生产经营模式，节约资源、保护生态意识比较淡薄。另一方面，实施绿色管理的前期投资较大、见效慢、资金回笼周期较长，本土企业的管理人员通常将企业实施环境保护的费用视为额外成本，对企业的竞争优势不利。所以当企业面临环境规制时，这些管理人员首先考虑的是如何规避规制对企业的影响，如何运用最少的成本去应对这些规制。正是由于本土企业管理人员生态意识的缺乏，使得企业优先考虑短期的经济利益，而非长远的可持续发展。所以无法形成系统的企业绿色价值观和与企业发展相辅相成的绿色管理理念，成为阻碍企业实施绿色管理的内部障碍。

3.2.2 实施绿色管理的企业内部资源限制

企业实施绿色管理必须有相应的资源和能力作保障，但资金和技术的匮乏是本土企业绿色管理的主要约束。本土企业实施绿色管理会产生相应的成本，例如开放绿色技术、实施成本、购买相应的环保设备、员工培训等。对于大部分实施低成本战略的本土企业，巨大的资金约束无疑是实施绿色管理的障碍之一。虽然我国政府在税收、融资等方面给企业一定的补贴，但这仅仅是杯水车薪，很难从根本上进行支持。

另外专业的环境保护技术是企业实施绿色管理的技术保障，但技术并非一朝一夕产生的，一方面需要本土企业拥有长期的技术积累，另一方面则要求企业具备较强的研发能力。但我国环保行业刚刚起步，无论是本土企业内部还是外部技术市场，均没有得到长足发展。所以即使一些本土企业的管理人员拥有一定的生态保护意识，但企业内部资源和能力的限制使得绿色管理难以实施。

3.2.3　环境监管和执行力不足

相比西方国家，我国政府对企业环境保护的监管和执行并不到位。目前我国环境保护方面法律较多，但制度化、程序化、规范化程度依然不足，并且执行主体分散，职责不明，很难进行统一的监管。环保法虽然列出了环境污染的惩罚措施，但并不具备强制执行力。例如在执行过程中，经常出现企业拖欠或拒交环保部门罚款的现象。另一方面，随着财政制度的改革，地方政府拥有更大的话语权。出于对地方经济的保护，许多地方政府重视 GDP 的追求，而忽视企业对地区环境发展的影响，使得经济效益凌驾于环境保护之上。许多地方政府甚至通过吸收重污染型企业来促进当地经济的发展。作为地方政府的组成部门，各地环保部门在监管方面往往有心无力。

3.3　跨国公司对本土企业绿色管理战略的影响机理：基于资源依赖观

3.3.1　资源依赖观和本土企业的外部资源

20 世纪 60 年代以后，系统开放的观点使得环境和组织的关系成为研究的一个热点，其中具有代表性的理论是资源依赖观、新制度理论和种群生态理论。资源依赖理论的基本前提假设是组织是无法自给自足的，必须依赖外部环境资源。通过与环境交换、交易或权力控制，组织获得关键性资源（Salancik & Pfeffer, 1978），关键资源的稀缺性和不可替代性决定了对环境的依赖程度。因此，Pfeffer（1993）认为应当把组织视为政治行动者，组织战略即试图获取资源，有效的组织结构则是保证环境中资源的输入和输出。虽然 Pfeffer（1993）也将资源依赖理论进一步发展到组织内部，但资源依赖理论主要关注于组织之间的关系。资源依赖理论的主要观点为：①组织最关注于生存和发展；②为了生产和发展，组织需要某些关键性资源，但组织自身并不拥有这些资源；③组织必须与环境进行互动，以获取这些关键性资源；④ 组织的成功在于是否建立了控制它与外部环境关系的权力（汪锦军，2008）。接下来本文讨论资源互补理论的三个关键词：资源特质、组织关系和权力。

1. 组织资源特质：稀缺性和不可替代性
组织资源的稀缺性构成了资源的价值维度。资源的稀缺性又称为稀少性，在经济学中特指相对于人类欲望的无限性而言，资源的有限性和人们需求的无限性是人类社会最基本的矛盾。提供组织生产和发展的资源稀缺性，也是组织生产发展的首要矛盾。组织资源的不可替代性构成了资源的重要性维度。稀缺性资源如果是可替代的，那么其替代性资源可以满足组织的需求；反之，如果该资源是不可替代的，对组织的重要性则大大提高。

2. 组织之间的关系

按照资源依赖观的视角，组织之间的关系是由于组织为了获得更好的发展，通过互补性资源交换而形成的一种依赖关系，通过组织间的合作与协调，达到互利互惠。组织间的协同产生了特殊的、难以模仿的关系，进而增加组织的竞争力。例如供应链中成员的关联与合作，会增加整条供应链的协同效应和竞争力。外部环境的不确定性也是促使组织建立关系的一个要素，组织倾向于建立组织间关系以保持稳定性，应对不确定性。甚至有些组织会进而影响外部环境，致力于建立一致的环境，例如某些战略联盟会合力制定某种行业标准。

3. 组织权力：组织控制关系的能力

组织对于组织之间关系影响的能力称为权力。组织权力来源于所拥有或控制的关键性资源，不同的关键资源特质也会产生不同的权力。拥有或控制某种稀缺性资源的组织，可以在某种程度上控制或影响其他组织的行为。组织间相互依赖的关系，使得某单个组织根据所处地位不同或多或少地被给予或剥夺、促进或阻碍满足其他组织需求的能力。例如在不同的供应链中，成员对彼此资源依赖程度各异，导致供应链成员地位也有所悬殊。例如，快速消费品行业是一个典型的买方主导型供应链，上游企业对于下游企业的客户资源依赖程度更高，所以在该供应链中，下游企业拥有更高的权力。另外值得一提的是，资源依赖学派的权力观点在各管理学分支中均得到了延伸和运用，例如市场营销学中的渠道权力理论是其中一个典型。

4. 本土企业受跨国公司影响的外部资源

企业的资源可以分为内部资源和外部资源。内部资源主要指企业所拥有的要素总和，包括人、财、物资源，信息资源，技术资源等。企业外部资源主要指影响企业经营的外部资源，包括市场资源、公众关系资源等。根据资源依赖理论的观点，如果这些资源对于企业而言是稀缺、不可替代的，企业必须努力控制这些资源。本文识别出跟企业绿色管理相关的外部资源，包括跨国公司的客户资源、公共关系资源以及政府政策资源，这三种资源都直接或间接地受到跨国公司的影响，如图3-4所示。接下来，本文利用资源依赖理论分析这三种资源对企业绿色管理的影响。

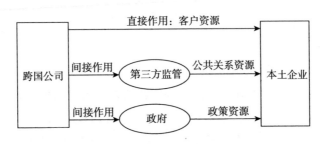

图3-4　本土企业受跨国公司影响的外部资源

3.3.2　来自跨国公司的客户资源：绿色订单效应

根据第2章文献综述可知，企业实施绿色管理可能是经济理性的。但企业战略必须在一定资源能力支持时才能产生竞争优势，只有当企业有能力承担高水平的绿色管理时，企业才会选择实施。而就目前中国本土企业现状来看，建立在所谓经济理性基础上大多数企业不会主动实施绿色管理。来自发达国家的跨国公司通常会受到国际和母国利益相关者压力，或者基于自身竞争优势的考虑，实施相比发展中本土企业更高水平的绿色管理水平。当跨国公司进行跨国采购时，则将自身的绿色管理标准通过供应链传递给上游供应商。在这种机制的挤压下，本土企业一旦达不到一定的环保标准，就有可能失去或得不到来自大采购商的订单。基于竞争的考虑，本土供应商就会主动采取环境管理，相比政府规制等压力，这种绿色管理会更主动、更彻底。东道国政府也是倾向于实施环境保护政策的，但基于对GDP增长或出口水平的担心，在环境保护政策执行上也不一定到位。国际价值链中跨国公司运用经济手段给本土企业实施的压力会比一般性的软约束更具有直接、明显的效果，本文将这种作用力称为"绿色订单效应"。

表3-3从资源的稀缺性和不可替代性对本土企业外部资源特质进行了总结。绿色订单效应所对应的资源即本土企业的跨国客户资源，该资源是本土企业销售和利润的直接来源，对于目前仍处于世界制造工厂地位的我国本土企业无疑是稀缺的、不可替代的。例如，广州本田要求供应商均实行

ISO14000 环境管理体系，金佰利公司则要求所有供应商通过国际五大森林体系的严格认证。

表 3 - 3　本土企业外部资源的特质

资源来源	稀缺性	不可替代性
跨国公司	高	高
第三方公众关系	高	低
政府补贴政策资源	高	低

资料来源：作者整理。

案例：金佰利用绿色关爱未来

自 1995 年，金佰利在全球范围内对环境问题进行了 5 年规划，期望提高产品和生产过程中的可持续性。目前第三个五年计划（2005～2010）的指标均已达到预期，产品能源使用率提高了 9%，20% 的能源通过可替代燃料实现，98% 的原生纤维通过受到金佰利认证的供应商提供，生产所用木浆 98% 通过全球五大国际森林认证体系，2008 年节约了 100 万立方的工业用水。

根据企业的 5 年规划，2010 年 5 月金佰利中国提出了 One K-C 的企业价值观，承诺成为正直、担当、创新、关爱、为社会不断创造价值的行业领导者。金佰利禁止使用非法来源的木质纤维，保护濒危树种。并且，金佰利要求所用供应商在林地和纤维采购方面均需获得独立第三方权威机构的认证。

来源：周烨彬（2010）。

但是，目前大多数跨国公司对本土企业环境合作是浅层次的，即环境监测行为较高，但环境合作程度较低。跨国公司主要为上下游企业制定环保标准，很少向当地提供资源、技术支持（Jeppesen & Hansen, 2004）。本土企业仅作为接受方，面临日益增加的环境保护要求却存在两难选择：如果遵守跨国公司高标准的绿色管理要求会失去低成本竞争优势，如果不遵守这些要求则会失去海外市场。所以，较高的环境保护标准无疑会对本土企业短期内产生较大的压力。

3.3.3　来自第三方监管的公共关系资源

公共关系是指企业为了改善与社会公众的关系，促进公众对企业认知、理解和支持，达到树立良好企业形象、促进产品销售的一系列活动。通过企业和公众之间的互动，通过双向信息交流、利益重新调整等方式，建立企业与公众之间相互理解、信任、相互促进、更良好的公共关系。企业建立公共关系的对象包括政府、媒体、社区、顾客、投资者等各方面利益相关者。公共关系资源则是由此给企业带来的一些资源，主要功能有：培育企业信誉，增加企业形象，争取舆论支持，赢得公众信任，协调纠纷与化解关键时刻危机，最终通过这些关系资源产生更显著的组织效率和更多的经营利润（王铁山，2009）。

虽然政府通过各种法令、政策提出具有约束性的环境政策，但严重破坏环境的个例仍然存在。另一方面，普通民众对全球气候变化等环境问题也越来越关注，受公众关注的企业更可能采取易于被公众识别的环境改进行为，无论是在发达国家（Arora & Cason，1995；King & Lenox，2000）还是在发展中国家（Hettige et al.，1996），因为这符合公众对企业的期望。在此背景下，公众参与应对环境问题的力量则愈加活跃，实现公众参与环境管理的机制包括各种社会手段组成的系统，这个系统不仅包括传播工具，如报纸、杂志、广播、电视台等，还包括组织功能完善和良好的非营利机构（NGO）。作为公共关系的权力代表，世界各国都致力于建立或促进非营利组织的作用。东道国关于环境保护的 NGO 可以分为两类：一类是国际知名 NGO 在中国的办事处，例如国际上影响最大的环保 NGO 绿色和平组织在香港、北京等地均设有联络处；另一类则是由国内自发形成的民间公益类 NGO，例如北京的"自然之友""地球村"等。就我国环境领域的 NGO 而言，第一个草根的 NGO "自然之友"诞生于 1994 年，根据中华环保联合会《2008 年民间环保组织发展状况报告》表明，截止 2008 年，全国环保领域的 NGO 为 3539 家，其中没有任何政府背景或关联的草根 NGO 为 508 家。这些组织为促进我国企业环境保护，提高公众环保意识和环保行动参与，监督环保政策实施执行等方面起到积极作用（北京市西城区恩派非营利组织发展中心，2010）。例如自然之友、北京地球村、中国环境文化促进会、世界自然基金会等 9 家 NGO 联合倡导的"26度空调节能行动"，取得了巨大的社会影响力。

但是我国 NGO 的历史时间较短，发展规模和影响力均不如发达国家的 NGO。一直以来，我国公众的环保意识不高，环保 NGO 的认知度很低，对环保行动的参与和支持程度明显不足。虽然公众关系资源能为企业带来诸多利益，并且也是稀缺的，需要企业花一定的资源维持这种关系。但公共关系的维系除了依靠环境管理，其他诸如媒体舆论、品牌推广活动等也可以建立，所以公共关系是可替代的，如表3-3所示。所以NGO的另一种途径是寻求和企业直接相关的经济方支持，例如企业所在供应链的上下游成员支持。公众环境研究中心联合自然之友、地球村、绿家园志愿者、全球环境研究所等多家NGO提出了"绿色选择倡议"，即推动大型企业特别是跨国公司将供应商表现纳入其采购标准，同时倡议消费者利用自己的购买权力，考虑生产企业的环境表现，做出绿色消费选择。公众环境研究中心开放了企业环境表现数据库，收录了各企业被环保部门惩罚监管情况，通过该数据库跨国公司和消费者可以识别出企业的环境管理情况。

案例：涵江大福鞋业、莆田涵江鞋业的绿色改善

2007年3月，莆田市环保局公布的《2006年环境监测超标企业名单》显示，莆田市涵江大福鞋业有限公司、莆田涵江鞋业有限公司"废水、废气超标"。公众环境研究中心（NGO）据此将莆田市涵江大福鞋业有限公司（以下简称大福鞋业）和莆田涵江鞋业有限公司（以下简称涵江鞋业）录入中国空气污染地图2006年的企业环境监管记录。自2008年以来，沃尔玛使用污染地图数据库进行供货商环境行为检索。在检索过程中，沃尔玛发现大福鞋业及其关联企业涵江鞋业存在废水、废气超标情况，之后要求这两家企业采取整改措施，并要求其通过污染地图数据库对公众作出公示。沃尔玛的企业政策是不选择有违规记录且不整改的企业作为其供货商。来自主要客户沃尔玛的压力，促使企业认真寻求解决方案。2009年12月监测报告显示，大福鞋业和涵江鞋业的废水排放符合《污水综合排放标准》中的三级标准。同时后续监测显示其废气排放亦达标。来自客户企业的推动最终使得企业实施有效的绿色管理。

来源：马军等（2010）。

3.3.4　来自政府的政策资源

我国政府要推动企业进行环境保护实践，需要制定一系列政策，包括强制性政策（大棒政策）和补贴政策（胡萝卜政策）。强制性政策要求企业采取符合法律、政策规定的环境保护措施，政府或下属机构对企业不良表现采取审查、警示和制裁。如果国家环境保护制度较严格并且执行力度大，可能导致企业主动采取环境改善的行为。原因是企业藉此可以获得更大的管制弹性，或者是避免将来面临更为严格的管制（Delmas，2002；Winter & May，2001）。所以，政府的强制性环境法规标准和监管力度将直接影响企业的绿色管理。胡萝卜政策则是政府对环境保护的一系列鼓励性政策，诸如补贴、减免税收、优先采购等激励性政策。国家发改委、工信部、财政部联合发布的旨在推进节能减排的"节能产品惠民工程"，通过财政补贴对能效等级1、2级以上的节能产品进行推广，部分抵消这些产品在研发、采购等成本投入。另一个例子是来源于我国上市公司，2011年年报显示涉及环保产业的163家上市公司，大约有100家在2011年度接受了政府补贴。截止2011年底，这些补贴总和为33.7亿元，占这些企业净利润总额的33%（袁瑛，2012）。这种激励性资源对于企业而言也是稀缺的，只有那些进行环境保护产品研发、生产、销售的企业才能获得，但激励性资源属于一种行政化资源，可以被市场资源所替代。例如，企业开放的绿色产品，可以通过实施绿色营销等途径，获得普通消费者的信任和购买，赚取相应的利润。所以，政府补贴性资源虽然是稀缺的，但是可替代的。

另一方面在当今全球化的时代，一国政策也受到外来力量的影响。跨国公司利用其在环境方面的管理理念和技术优势，对东道国环境政策的制定也产生一定的影响。绿色管理战略的转变，往往先发生于某些特定行业，例如化工，然后逐步向竞争对手、上下游企业蔓延，形成一种规范性或模仿性力量（DiMaggio & Powell，1983）。例如，政府和环境保护专家均认为杜邦不仅在生产安全方面，而且在环境保护方面也是所在行业中的领导，比如生产不损害臭氧层的无氟冰箱。这种领军企业通常处在制定行业标准的地位。特别的，这些领军企业可能会制定适度高于现状的环境标准（Nehrt，1998），以推进产业的可持续发展。在新兴经济体中，因为环境保护仍然是一个新生关注点，一些政府利用信誉度高的企业，如陶氏化学、杜邦等来制定当地的环保规制（Tsai & Child，1997）。由政府提出的来源于领军企业的行业规制，会取得更大的合法性和竞争对手的模仿（Bansal & Roth，2000）。另一方面，一旦某个企业贯彻了更高的标准，它会试图借助外部力量推广改变标准，以增加其他竞争对手的成本（Salop & Scheffman，1983）。所以跨国公司作为优秀的企业代表，一方面通过示范作用影响该行业绿色管理的专业化水平，另一方面则通过参与东道国环境保护政策制定，间接影响当地企业（胡美琴 & 骆守俭，2007）。

3.4　本章小结

本章运用资源依赖理论，研究了跨国公司对本土企业绿色管理的溢出机理。具体的，本章分析了跨国公司客户资源对本土企业资源依赖的直接作用，即绿色订单效应。同时，跨国公司会影响本土企业以第三方 NGO 为代表的公共关系资源、以及政府的政策资源，这两种资源也会影响企业的绿色管理。这三种外部资源对于企业而言，稀缺性和不可替代性并不相同，本章对此进行了逐一分析。

第4章　跨国公司绿色管理向本土企业溢出渠道的理论模型

第3章分析了跨国公司对本土企业相关资源的影响和促使本土企业实施绿色管理的机理。在结合第2章文献回顾的基础上，本章考虑跨国公司向本土企业传递绿色管理的渠道，建立理论模型和相应假设。模型以跨国公司与本土企业相联系的三个渠道：水平关联、后向关联和前向关联为自变量，以本土企业的绿色管理水平为因变量，并考虑了本土企业绿色管理吸收能力、行业竞争强度和行业污染程度三个变量的调节作用。

跨国公司进入东道国，会通过两种渠道与本土企业形成关联：水平关联和垂直关联。水平关联造成的溢出称为水平溢出效应（horizontal spillovers effect）或产业内溢出效应（intra-industrial spillovers effect），垂直关联产生的溢出效应则称为垂直溢出效应（vertical spillovers effect），又称为产业间溢出效应（inter-industrial spillovers effect）。

水平关联企业指跨国公司的本土竞争对手。东道国消费者日益提高的绿色产品需求，以及来自政府、NGO及媒体对企业绿色管理的要求和呼吁，本土竞争企业将产生向先进跨国公司看齐的绿色管理驱动。这种绿色管理溢出发生在产业内部，所以又称为产业内传递，本文统一使用水平溢出效应。

垂直关联包括后向关联和前向关联，通过这两种渠道产生的绿色管理溢出本文统一称为后向溢出效应和前向溢出效应。后向、前向溢出效应主要指跨国公司与东道国同上游供应商交易过程中形成的后向溢出效应，以及和下游销售商产生的前向溢出效应。跨国公司可能通过垂直关联，特别是后向关联产生绿色管理溢出。主要原因是前一章所阐述的绿色订单效应，通过该效应跨国公司将绿色管理直接传递给当地供应商，继而当地供应商不得不履行绿色标准和责任。跨国公司对上游企业的高标准，会促使本土企业不断提升绿色管理水平，进而形成绿色管理的后向溢出效应。同时，跨国公司也可能会通过各种方式将绿色管理传递给下游企业，例如对下游渠道商进行产品培训等，进而产生绿色管理的前向溢出。

　　本文根据溢出渠道的不同将跨国公司绿色管理溢出效应分为三类：水平溢出效应、后向溢出效应和前向溢出效应，如图4-1所示，这三种效应分别由水平、后向、前向关联产生。另外，本土企业的吸收能力、所在行业的竞争强度、以及行业污染程度可能会对这三种溢出效应产生调节作用，本文接下来对图4-1的理论模型进行阐述，并根据逻辑分析提出相应的研究假设。

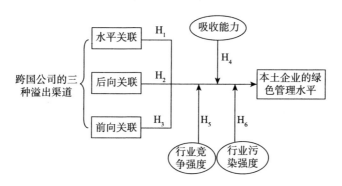

图4-1　理论模型与研究假设

4.1　跨国公司水平关联对本土企业绿色管理水平的直接作用

　　2001年《世界投资报告》（UNCTAD，2001）对跨国公司的技术溢出效应进行了分析，认为跨国公司主要通过示范、竞争和人员流动等途径在产业内进行技术的水平溢出。基于相同的逻辑，跨国公司也可能会通过以上三种途径将绿色管理传递给本土竞争企业，产生绿色管理的溢出。

　　Kamath（1990）和Kueh（1992）认为，中国需要外资不仅是因为跨国公司能为中国带来外汇资本和先进技术，而且还在于它所产生现代管理的示范效应。示范效应是指跨国公司作为领先组织代表，本土同类企业为了采用与其相似的技术或经营方式，对跨国公司的产品、技术、管理方法进行模仿和创新。现有研究结论显示环境绩效与经济绩效正相关（Porter & Linde，1995；

Hart，1995；Ambec & Lanoie，2008），所以跨国公司在追求自身利益最大化的过程中，会在全球范围开发和传播高水平的绿色管理，对当地企业产生示范效应，引导当地企业模仿跨国公司的环境实践。

能够产生示范作用的前提是，跨国公司和本土企业的绿色管理水平存在差异，跨国公司的绿色管理水平要高于本土企业，这一点已经被我国学者证实（戈爱晶、张世秋，2006）。跨国公司的进入为本土企业的模仿创造了可能。对于较初级的绿色管理，例如末端治理、污染控制等，本土企业可以通过直接模仿的方法，实现绿色管理溢出。对于较高级的绿色管理，例如绿色管理战略实施、系统环境管理、生产过程的绿色控制、绿色产品开发等，本土企业可以通过更深入的合作方式掌握绿色管理方式和核心技术。例如，可以通过与跨国公司建立合资企业，甚至兼并收购的方式，向跨国公司学习获取核心管理方法和产品技术信息。此外，还可以通过参加各类研讨会、行业协会、与跨国公司进行正式或非正式交流等方式模仿其绿色管理。

竞争途径则是指跨国公司进入东道国后，对市场均衡有所破坏，加剧了原有市场竞争。例如跨国公司向东道国市场投放了绿色产品，或者利用绿色管理宣传提升企业形象，这些行为势必引起本土竞争对手的效仿。跨国公司进入东道国争夺绿色市场的行为，会刺激本土企业更有效地利用资源，实施绿色管理，提升产品在消费者心目中的绿色形象，推动区域生态环境保护。但另一方面，市场竞争的负面影响在于"挤出效应"，跨国公司可能会利用其强大的竞争力，将本土企业挤出去，甚至形成垄断。

人力资本指劳动者受到教育、培训、实践等方面投资而凝结在身体内的知识和技能，并且人力资本能够物化于企业的产品或服务，获得相应的收益。跨国公司在东道国进行投资，通常会雇佣或开发当地的人力资源，其原因主要有：①当地人力成本低廉，发展中国家工资水平总体低于发达国家；②更好地实施跨文化管理，地区间经济、法律、文化环境差异，使得跨国公司必须依赖于本土雇员获得更多的本土适应性；③利用本土雇员的人际网络，维持各利益相关者的良好关系等。

跨国公司实施绿色管理，特别是高层次绿色管理时，会对各级雇员进行培训：从简单的生产操作、资源节约、降低能耗，到高级管理人员的绿色管理培训；培训方式既包括现场指导、讨论、讲座，也有派往海外母公司进行培训，同时本土雇员在跨国公司中参与绿色产品的开发，或者绿色管理实践，在不断接触学习中，掌握跨国公司绿色管理的经验、运作流程等。当这些人员由跨国公司流动到本土企业时，他们所掌握的绿色管理理念和技术就会随之外流，产生绿色管理溢出效应。这种"有形"的人力资本流动效应最早是由 Caves（1973）研究技术溢出效应时发现在日本技术人员流动中存在。另一种"无形"的人力资本流动效应实质上是人际网络的聚集效应。例如在硅谷，一种绝密的芯片在首次投入市场不久便成为一般性知识，其主要原因在于只要和该企业的关键雇员"聊"上 10 分钟，就能顺利获得该芯片的解密技术（马明申，2007）。

不同于人力资本流动对技术溢出仅停留在技术或创新方面，绿色管理溢出则包含技术和管理两个层次。第一个层次是较为低级的生态环境管理技术，指企业实施绿色管理时所采用的绿色管理技术。例如，生产过程中资源使用率的提升，可回收包装的研发等。另一个较高层次则是先进的绿色管理理念，本土管理人员在跨国公司工作过程中，接受了对生态意识的灌输，培养了良好的可持续发展价值观。这种管理理念会在这些管理人员跳槽到本土企业时发挥较大的作用，促使本土企业不仅关注短期经济效益，而且考虑到经济社会的长远发展。所以通过人力资本流动途径，先进的绿色管理要素被代入本土企业，促进本土企业实施生态环境保护措施。

综上所述，跨国公司的绿色管理可能会通过示范、竞争以及人力资源流动这三个途径溢出到本土企业，所以提出以下假设：

H$_1$：跨国公司同本土企业的水平关联对本土企业的绿色管理水平存在正向作用。

4.2　跨国公司后向关联对本土企业绿色管理水平的直接作用

跨国公司也可能通过后向、前向关联而产生绿色管理的溢出效应。随着经济全球化的深入，国际分工使得跨国公司所主导基于垂直专业化的加工贸易已经超过了一般商品贸易，已经占据我国对外出口贸易的 50%（靳娜，2011）。《世界投资报告》（UNCTAD，2001）对这种跨国公司和本土企业之间的后向、前向关联曾做了一些研究，将其按关联度由低到高分为 4 个阶段：市场交易、短期关联、长期关联和股权关联，见表 4 – 1。

表4-1　跨国公司和本土企业的后向、前向关联

形式	关联度 低→高			
	市场交易	短期关联	长期关联	股权关联
后向 关联	现货购买	一次性或间歇性购买（根据双方协议）	1. 长期契约安排 2. 最终产品或中间品生产分包	1. 与供应商成立合资公司 2. 建立新的供应子公司
前向 关联	现货购买	一次性或间歇性销售（根据双方协议）	1. 长期契约安排 2. 转向跨国公司的接包	1. 与分销商或最终客户成立合资公司 2. 建立新的分销子公司

资料来源：UNCTAD（2001）。

　　跨国公司之所以愿意同本土上游供应商和下游销售商建立非正式联系，其原因在于这种垂直关联可以减少双方的交易成本。具体包括以下几个方面：①降低上游原材料要素成本以及下游销售成本，增加产品的竞争力；②方便信息沟通，根据市场需求调整生产规模，缩短生产周期，最大化资金利用水平。当跨国公司与本土企业上下游发生关联时，本土企业就能从跨国公司先进的绿色产品、生产技术或管理方式中搭便车，实现绿色管理的后向、前向溢出效应。但是，产业间关联本质是由各产业的供需所决定的，成员之间权力大小由所处的不同地位所决定。

　　后向关联是本土企业为跨国公司提供生产所需要的原材料和零部件。在激烈的市场竞争中，随着外界对环境保护的压力越来越大，为了维系和提高自身竞争优势，跨国公司对其供应商也提出了严格苛刻的环境保护标准，达不到该标准的供应商将无法纳入跨国公司的采购体系，即前一章所分析的绿色订单效应。在这种作用机制下，本土供应商只有采取高标准的绿色管理水平来达到同跨国公司合作的目的。跨国公司对上游供应商施加绿色管理压力的方式有两种：一是跨国公司会通过第三方监管、NGO等对本土供应商实施环境监测；另一种则是跨国公司通过环境合作的方式帮助供应商，向他们提供环境保护技术支持，甚至资金支持。例如，跨国公司为了确保每个原材料达到环保标准，会积极主动地向其供应商进行培训。例如，联合利华帮助其供应商中粮屯河实施"新疆可持续农业项目"，提供研究员对供应商土壤中氮、磷、钾等的检测，在降低番茄农药残留的同时提高了化肥利用率。

　　所以，当跨国公司与东道国本土企业后向关联度越大，则发展绿色管理

溢出的可能性就越大，建立假设如下：

H₂：跨国公司同本土企业的后向关联对本土企业的绿色管理水平存在正向作用。

4.3　跨国公司前向关联对本土企业绿色管理水平的直接作用

前向关联是指跨国公司同本土销售商、渠道商发生联系。本土企业为跨国公司提供产品销售服务，本文统称为本土销售商。跨国公司实施绿色管理时势必需要其销售商将绿色理念传递给消费者，才能将环境保护的投资实现收益或产生竞争优势。对于实施了绿色管理的跨国公司而言，一方面下游企业特别是销售商对绿色管理的宣传能够对跨国公司的产品增值，另一方面下游企业是否实施绿色管理也会影响跨国公司的企业形象。大部分跨国公司对本土下游企业通过绿色产品演示、绿色销售方面的培训，由此可能会产生绿色管理的溢出效应。

例如，绿色管理是广汽本田的重点项目之一，2004 年广汽本田开展了绿色采购行动，向国产供应商推广 ISO14001 环境管理体系，加强供应源头的环境管理，目前广汽本田所有供应商均已通过该体系认证。并且广汽本田还不断将环保理念向顾客和合作企业传递。2006 年 11 月，广汽本田的绿色特约店项目启动，该项目要求各特约店必须遵循各种环保法律法规，并且对日常运用中产生的各类有害废弃物进行有效管理；对可回收再利用的废物进行循环使用；推广有利于环保的新设备、新材料和新工艺；提高能源利用率，减少能源消耗。通过该项目，广汽本田将绿色管理传递给下游特约店。

所以，当跨国公司同本土企业前向关联度越大时，则越有可能对本土企业产生绿色管理溢出效应，由此提出假设 3：

H₃：跨国公司同本土企业的前向关联对本土企业的绿色管理水平存在正向作用。

4.4　本土企业绿色管理吸收能力的调节作用

4.4.1　选择吸收能力作为调节变量的原因

近年来，大量的文献研究试图分析影响跨国公司溢出效应的种种影响因素，但 Görg 和 Greenaway（2004）认为现有研究对于溢出效应的分析并不完善，还没有形成统一的结论。溢出效应并不是自发产生的，除了知识技能本身特质之外，它还受到东道国特征，例如经济、政策环境等因素的影响（Crespo & Fontoura，2007）。对来自东道国的影响因素所引起的溢出效应差别，现有文献一般从两个角度来解释，一个是考察东道国吸收能力，例如 Kinoshita（2001）在分析了捷克制造业的技术溢出效应，发现在吸收能力较强的出口性企业中存在正向的溢出效应；另一个则是考察东道国市场竞争强度对溢出效应的影响。例如 Kokko（1996）指出，当东道国市场环境竞争较为激烈时，跨国公司子公司面临较大竞争压力时，会更积极地引进先进的技术。正如第 2 章文献综述介绍，几乎没有现有文献研究绿色管理溢出效应，所以本文运用技术溢出效应中的吸收能力和市场竞争程度，来分析这两个变量对绿色管理溢出的调节作用。

4.4.2 技术溢出效应中的吸收能力

Cohen 和 Levinthal（1989）在分析企业研发行为时第一次提出了"吸收能力（absorptive capability）"的概念，认为企业研发投入对其技术进步存在两个方面的作用：①企业研发成果直接促进了技术水平；②增加了企业对外部技术的学习、模仿和利用能力，使得企业拥有更强的技术基础去吸收外部技术。Cohen 和 Levinthal（1989）提出了企业技术进步的表达式为：

$$Z_i = m_i + \lambda_i \left(\theta \sum m_j + T \right) \qquad 0 \leqslant \theta \leqslant 1, 0 \leqslant \lambda \leqslant 1$$

其中，Z_i 表示第 i 个企业技术进步，m_i 表示企业自身研发投入，m_j 表示其他企业的研发投入，θ 表示企业间技术溢出程度，T 表示政府研发投入，λ_i 表示该企业的吸收能力。进一步有：

$$\lambda_i = \lambda(m_i + \beta)$$

其中 β 代表了外部技术对本企业的技术适用性。

$$\frac{\partial \lambda_i}{\partial m_i} > 0, \frac{\partial^2 \lambda_i}{\partial m_i^2} < 0, \text{同时} \frac{\partial \lambda_i}{\partial \beta} < 0$$

因此，吸收能力是企业研发投入的凹函数。

借鉴 Cohen 和 Levinthal（1989）的分析思想，学者们试图从东道国吸收能力来研究跨国公司对本土企业技术溢出效应的差异性。对于吸收能力的考察主要分为三个层次，一是获得先进技术的机会，二是吸收先进技术的知识储备，三是有效吸收的管理体制，见表 4 - 2。

表 4 - 2　吸收能力的三个层次

研究深入度	研究层次	研究内容	代表文献
低 ↓ 高	获得先进技术的机会	国际贸易；经济开放度	Coe 和 Helpman（1995）
	吸收先进技术的知识储备	东道国技术水平；与母国技术差距	Cantwell（1989）；Kokko（1994）
	有效运用的管理体制	知识产权保护程度；产业关联	Alaforetal（2000）；Smarzynska（2002）

资料来源：作者整理。

第一类研究深入度较低，沿着国际贸易中溢出效应的线索，分析获得和接近先进技术的机会，以及识别合适技术的能力。包括经济开放度、贸易水平、吸引外资力度以及各种跨越国界的经济、社会活动。Coe 和 Helpman（1995）研究发现，随着一国经济开放度的提高，该国技术水平会受到贸易往来国对技术投入的影响。Park（1995）对我国贸易研究发现，出口贸易可以通过技术溢出效应推进技术进步，进而促进经济增长。靳娜和傅强（2010）分析了东道国贸易政策对技术溢出效应的影响，发现限制性贸易政策会对溢出效应产生不利影响。刘和东（2012）利用 1998～2009 年的省级面板数据发现国际贸易对技术溢出具有显著短期正向影响。

第二类研究则较为深入，分析了东道国吸收先进技术的自身知识储备，包括学习、模仿能力。先前文献通常从两个导致相反结论的视角去分析，一个是东道国本身的技术水平，另一个是东道国和母国之间的技术差距。一方面东道国必须具备一定的技术水平去吸收先进的技术，另一方面技术落后国因为同母国技术差距较大，可以获得更多的技术溢出效应，但绝大多数实证结果支持了前一种视角。对于发达东道国，这些国家具有较强的技术能力去吸收外来的先进技术，对于这些国家的实证检验大多支持技术溢出效应的显著性。例如，Cantwell（1989）分析了美国企业对欧洲投资的技术溢出效应，发现当地现有技术水平显著影响了溢出效果。Griffith，Redding 和 Reenen（2004）对 OECD 国家之间的溢出效应也获得了类似的结论。对于发展中东道国而言，大多数国家不具备较高的技术述评，因而没有足够的学习能力去吸收外部先进技术。例如，Kokko（1994）对墨西哥的研究发现，如果母国技术水平显著高于东道国，则溢出效应几乎不存在。

第三类研究是最深入的，从宏观层面分析了国家法律体制、经济政策对技术发展的作用，例如知识产权保护制度，税收、融资中的政策。例如 Alfaro et al.（2004）通过建立东道国居民微观决策模型，认为东道国的金融市场效率是影响技术溢出效应的关键因素。Smarzynska（2002）则考察了东道国知识产权保护政策对技术溢出效应的影响，若东道国缺乏对知识产权的有效保护，跨国公司则会更倾向于进行低技术投资，也会减少在东道国的研发活动。

4.4.3 绿色管理溢出效应中吸收能力的调节作用

吸收能力对于企业绿色管理的溢出效应也可能存在一定影响。按照技术溢出效应的划分，吸收能力也可以由低到高分为三个层次：接触先进绿色管理的机会、吸收先进绿色管理的知识储备和有效实施绿色管理的体制，见表4-3。本文主要研究第二个层次，即吸收先进绿色管理的知识储备层次，并且本文对吸收能力的研究基于现有绿色管理能力对溢出效应影响的视角。现有的绿色管理能力可以分为三个方面：先进绿色管理识别能力，生态价值观，绿色管理消化和实施能力。

表4-3　绿色管理溢出效应中吸收能力的三个层次

研究深入度	研究层次	研究内容
低 ↓ 高	接触先进绿色管理的机会	国际贸易；经济开放度
	吸收先进绿色管理的知识储备	本土企业绿色管理能力；与跨国公司的绿色管理差距
	有效实施绿色管理的体制	环保政策；产业关联度

先进绿色管理识别能力是指企业在先验知识的基础上，在既定的资源条件下，从市场、行业、政策等外部环境的众多信息和知识中甄别出对企业有价值绿色管理内容，并准确预测市场和行业发展方向的能力。全球环境的快速变化为企业提供了大量的机会，这些机会可能导致新的过程、产品、市场以及组织结构的变革，给企业带来新的利润增长点和竞争优势来源（Shane，2000）。企业必须有能力识别社会、市场、政策与技术发展动态，积极利用政

府、供应商、消费者、竞争对手、高校科研院所等创新成果。但是外部环境知识对于企业的清晰度也并不相同，只有当企业具备一定的知识储备和资源能力条件，才能更好地识别外部知识和机会。例如，已经拥有环境污染处理设备的企业可能在安装、运转、维修这些设备时参加到研讨班、培训机构的学习中，不仅能从培训中直接获得更高水平的环保技术，还能在学习过程中接触到更多业界同行，包括跨国公司管理人员，通过非正式的交流获得更先进的绿色管理知识。所以企业现有绿色管理能力可以提高其对外界绿色管理知识的识别能力，进而有利于绿色管理的溢出。

企业目前拥有的绿色管理能力可以折射出企业的生态价值观，而生态价值观较高的企业则具有更高的接受绿色管理知识的意愿。如前一章所阐述，目前阻碍我国本土企业实施绿色管理的主要原因是生态意识的缺乏。本土企业目前还缺乏对生态环境和自然资源的危机感，对循环经济和可持续发展的理解还不够。逐利性使得本土企业管理人员只考虑到短期经济效益，没有从长远角度考虑实施绿色管理对企业带来的新的经济效益和竞争优势。而生态意识较高的企业则对生态环境保护、能源消耗等理解得更充分，对绿色管理的模式有较多了解，进而更有意愿接纳绿色管理知识，促进绿色管理的溢出。

绿色管理消化实施能力则是绿色管理知识被运用到具体生产实践中去的保证。绿色管理消化实施能力包括企业现有的环境保护资金、人才以及技术。绿色管理如果得不到足够资金支持，就会导致实施中断或失败；而接受过现代管理学培训的管理人员则是绿色管理的推动者和具体操作者，只有这些管理人员具备一定的绿色管理知识，才能在企业内至上而下地贯彻绿色管理；另外，实施绿色管理需要一定的技术支持，不论是治污设备安装和操作，还是新的绿色产品开发，都需要企业拥有强大的技术研发能力。所以，本土企业现有的绿色管理消化、实施能力越强，就越具有吸纳新的绿色管理知识的能力，越容易形成绿色管理的溢出效应。例如，目前已经拥有环境污染处理设备的企业面临跨国公司绿色订单效应时，可能不需要额外投入太多的资金和技术，就能应对跨国公司环境保护的要求；相反，目前绿色管理配套能力较低的企业可能需要投入大量的人力、物力、财力从头开始实施绿色管理，这就大大增加了这些企业的实施难度，积极应对绿色订单效应的概率也随之降低。

即使跨国公司的绿色管理向本土企业不断扩散，只有本土企业具备一定吸收能力时，绿色管理才能被本土企业吸收、采纳，运用到具体的经营实践中。所以，吸收能力对跨国公司的溢出效应存在正向调节作用，由此提出假设4：

H$_{4a}$：本土企业的吸收能力会正向调节跨国公司水平关联和本土企业绿色管理水平的关系。

H$_{4b}$：本土企业的吸收能力会正向调节跨国公司后向关联和本土企业绿色管理水平的关系。

H$_{4c}$：本土企业的吸收能力会正向调节跨国公司前向关联和本土企业绿色管理水平的关系。

4.5 行业竞争强度的调节作用

4.5.1 选择行业竞争强度作为调节变量的原因

既有考察跨国公司技术溢出效应的文献通常考察两个因素对这种效应的影响，一个是吸收能力，另一个则是市场竞争程度（沈坤荣、孙文杰，2009）。例如，Kokko（1996）研究指出，如果当地竞争程度较为激烈，外资进入面临的竞争压力较大，会迫使其更快地引进先进技术以应对这种竞争。所以，通常认为如果东道国市场竞争越激烈，则外资对本土企业的技术溢出效应就越明显，反之则越弱。另一方面，本土企业在较强的竞争强度下，面临着优胜劣汰的局面，也会锻炼出较强的学习、模仿能力，进而加快先进技术的吸收和运用。

实施绿色管理可以通过降低原材料成本、节约能源消耗带来短期经济效益，也能够通过实施产品差异化、整合上下游供应链形成长期的竞争优势（Vachon & Klassen，2006；Rao & Holt，2005；Porter & Linde，1995；Hart，1995）。对于跨国公司而言，如果所进入的东道国市场竞争强度很高，则可能会利用绿色管理优势培育新的竞争能力，或运用绿色产品差异化战略进入东道国市场，进而更有可能带来先进的绿色管理知识。而本土企业在较强的竞争强度下，一方面可能会主动学习、模仿跨国公司的绿色管理，产生新的竞争优势；另一方面，当绿色管理成为行业内普遍做法时，本土企业也可能会在同构性（isomorphism）压力下被动实施绿色管理，进而改善整体区域内生态环境。

4.5.2　技术溢出效应中行业竞争强度

相对来说，跨国公司技术溢出效应中对行业竞争强度的研究成果没有对吸收能力的研究成果丰富，具体可以分为两方面：短期负向竞争效应和长期正向竞争效应。

短期负向竞争效应主要指外资进入后会加剧本土市场的竞争强度，跨国公司可能会侵占本土企业原有的市场份额。这时本土企业为了保持其原有市场地位，可能会采取促销、广告等各种手段，或者从而增加其产品成本，或者由于市场被挤占使得产品销量降低，而增加其边际成本，称为挤出效应。所以外资进入会导致本土企业更低的生产效率，这种情况通常会出现在本土企业和跨国公司之间技术差距较大时（Sembenelli & Siotis，2005）。另外，这种短期负向效应在跨国公司不同的进入时期作用也不相同。Sembenelli 和 Siotis（2005）认为跨国公司新进入当地市场时，这种负向效应较为明显，而已经在东道国市场取得竞争地位的企业并不存在。Konings（2001）的研究也指出，由于所有权优势使得跨国公司的产品边际成本较小，他们会利用这种优势迫使本土企业减少产出。由于生产销售利润的减少，本土企业则失去了足够的资金支持其实施技术研发、吸收活动，所以短期内外资进入对技术溢出行为存在负面影响。

另一方面，从长期来看跨国公司的进入有助于本土企业运用新技术，提高生产效率，从而产生正向效应，或称为溢出效应。市场竞争强度越大，则会促进本土企业采用新技术，有助于提高东道国整体技术水平（Görg & Greenaway，2004；Glass & Saggi，2002）。一是由于外资面临激烈的市场竞争环境会加快引入更先进的技术（Kokko，1996），另一个则是本土企业也会在该环境中努力实行技术创新（江小涓，2002），两方面的原因都促使了技术的溢出。溢出效应得到了许多实证结果证实，Blomstrom，Kokko & Zejan（1995）运用 1982 年美国企业在 33 个国家投资制造业的数据，发现跨国公司的技术引进程度随市场竞争强度而增加。Bartelsman，Haltiwanger & Scarpetta（2004）等运用发达国家向发展中国家的投资数据检验了该效应，发现跨国公司雇员比例与本土企业生产率正相关。国内方面，江小涓（2002）认为跨国公司的进入会面临更为激烈的国内市场竞争，但这种竞争有利于提高本土企业研发水平并促进国内产业结构升级。王红领、李稻葵、冯俊新（2006）通过行业层面数据分析了外资进入对本土企业创新能力的影响，结果表明虽然市场竞争更加激烈，但溢出效应是存在的。

4.5.3 绿色管理溢出效应中行业竞争强度的调节作用

行业竞争强度可能也会对跨国公司绿色管理的溢出有一定的影响。对于跨国公司而言，由于东道国市场竞争激烈，为了获取更低的产品边际成本，跨国公司可能会采取措施降低原材料、能源成本。另一方面，跨国公司可能带来新的绿色产品以实现差异化战略来应对市场竞争，或实施全面的环境管理来培养在东道国的竞争优势。所以，从绿色管理"溢出源"的角度，面对激烈的竞争环境，跨国公司可能会带来更为先进的绿色管理知识。

由于竞争激烈，行业内企业对于先进的管理方式、技术革新、政策变化等均会保持高度的敏感和积极的态度。绿色管理作为一种先进的管理方式，涉及到企业战略、生产流程或者产品特性等许多方面，势必会引起行业内企业或多或少的学习和模仿。跨国公司的进入也会给消费者树立新的生态价值标杆，那些没有实施环境保护措施的企业可能会遭受消费者的指责，并在购买时行使消费者的选择权而放弃购买。所以对于跨国公司的行业内竞争对手而言，如果市场竞争较为激烈，跨国公司的进入给它们提供了先进绿色管理的知识，也相应地增加了环境保护的压力，进而促进了绿色管理的溢出。所以，提出假设如下：

H$_{5a}$：行业内市场竞争强度会正向调节跨国公司水平关联和本土企业绿色管理水平的关系。

对于垂直关联的本土企业而言，较高的行业竞争强度也可能会促进绿色管理的溢出。行业竞争激烈意味着竞争者产品同质性较大或者竞争者数量较多，这样跨国公司可以轻而易举寻找到该企业的替代者。例如，当跨国公司向本土供应商提出环境保护要求时，本土企业可能会尽量满足其要求，以保护自身的竞争地位。同样理由，在市场竞争激烈的情况下，下游销售商也可能会更努力配合跨国公司的绿色管理要求。所以，当行业竞争强度越高时，本土企业为了保持其供应链地位，可能会更积极配合跨国公司的要求，使得绿色管理的溢出效应更加明显，进而提出相应的假设如下：

H$_{5b}$：行业内市场竞争强度会正向调节跨国公司后向关联和本土企业绿色

管理水平的关系。

H₅c：行业内市场竞争强度会正向调节跨国公司前向关联和本土企业绿色管理水平的关系。

4.6　行业污染程度的调节作用

不同行业的污染程度并不相同。例如，为了督促重污染行业上市企业认真执行国家环境保护法律、法规和政策，避免上市企业因环境污染问题带来投资风险，国家环保总局先后下发了《关于对申请上市的企业和申请再融资的上市企业进行环境保护核查的通知》（环发［2003］101 号）和《关于进一步规范重污染行业生产经营公司申请上市或再融资环境保护核查工作的通知》（环办［2007］105 号）文件，根据这些文件规定，将冶金、化工、石化、煤炭、火电、建材、造纸、酿造、制药、发酵、纺织、制革和采矿业等 13 类子行业暂定为重污染行业。

可见石油、化工等行业的环境污染程度较高，这些企业受到的外部关注度较高，面临的外部压力更大，对绿色管理要求也越高（胡美琴，2007）。为了避免整个行业失去公众和政府的信任，跨国公司作为行业的领军企业和优秀代表通常会采用各种手段改善环境绩效。另一方面，污染程度严重的行业也存在更多的机遇，相比轻污染行业，这些行业的投入产出比可能会更高，更有可能产生新的治污技术突破、绿色产品开发等成果。所以，在重污染行业的跨国公司对绿色管理的投资力度也更大。这时跨国公司的示范作用将更加凸显，引起的社会关注也更高，例如化工行业的杜邦，就因为其良好的环境表现而受到中国各级政府的表扬。本土企业和跨国公司之间的交流和传播可能会促进行业内绿色管理的建设（King & Lenox，2000），处于该行业的企业就更可能实施绿色管理。另外，由于该行业跨国公司的绿色管理投入高，相应的人力资本素质也较高，人力资本流动所带来的溢出效应也随之更高。所以在重污染行业，跨国公司所产生的绿色管理水平溢出效应可能会更大，假设为：

H₆a：行业污染程度会正向调节跨国公司水平关联和本土企业绿色管理水平的关系。

处于重污染行业的企业由于其敏感性，会引起更多公众关注。若供应链上重污染行业企业出现环境问题，跨国公司也会承受比较大的压力。例如，近日耐克公司就因为上游印染行业供应商的违规排污，而被国内关注纺织行业水污染的报告《为时尚清污——绿色选择纺织品牌供应链污染》所曝光。因此，在重污染行业，跨国公司则会更有动力约束其上下游企业，避免受到公众的质疑。而身处重污染行业的供应商或销售商，可能会更加约束自身行为，积极响应跨国公司的要求，进行环境管理的改善。所以无论作为溢出方的跨国公司，还是处于接受方的上下游企业，都会因为身处重污染行业而产生出更多的绿色管理溢出，提出假设为：

H_{6b}：行业污染程度会正向调节跨国公司后向关联和本土企业绿色管理水平的关系。

H_{6c}：行业污染程度会正向调节跨国公司前向关联和本土企业绿色管理水平的关系。

4.7　研究假设汇总

本章所提的研究假设汇总如下：

H_1：跨国公司同本土企业的水平关联对本土企业的绿色管理水平存在正向作用。

H_2：跨国公司同本土企业的后向关联对本土企业的绿色管理水平存在正向作用。

H_3：跨国公司同本土企业的前向关联对本土企业的绿色管理水平存在正向作用。

H_{4a}：本土企业的吸收能力会正向调节跨国公司水平关联和本土企业绿色管理水平的关系。

H_{4b}：本土企业的吸收能力会正向调节跨国公司后向关联和本土企业绿色管理水平的关系。

H_{4c}：本土企业的吸收能力会正向调节跨国公司前向关联和本土企业绿色管理水平的关系。

H_{5a}：行业内市场竞争强度会正向调节跨国公司水平关联和本土企业绿色管理水平的关系。

H_{5b}：行业内市场竞争强度会正向调节跨国公司后向关联和本土企业绿色管理水平的关系。

H_{5c}：行业内市场竞争强度会正向调节跨国公司前向关联和本土企业绿色管理水平的关系。

H_{6a}：行业污染程度会正向调节跨国公司水平关联和本土企业绿色管理水平的关系。

H_{6b}：行业污染程度会正向调节跨国公司后向关联和本土企业绿色管理水平的关系。

H_{6c}：行业污染程度会正向调节跨国公司前向关联和本土企业绿色管理水平的关系。

4.8 本章小结

在现有文献和理论回顾基础之上，本研究构建了跨国公司绿色管理溢出渠道的研究模型。具体的，分析了水平关联、后向关联和前向关联这三种渠道对绿色管理溢出的直接作用。另外，本研究分析了本土企业绿色管理吸收能力、所在行业竞争强度、以及行业污染程度对三种直接作用的调节效应，并提出了相应的假设。

第5章 跨国公司绿色管理水平
溢出渠道分析

前一章提出了跨国公司绿色管理向本土企业溢出渠道的理论模型，提出了关于水平溢出效应、后向溢出效应和前向溢出效应的假设，本章运用经济学的分析方法，对跨国公司的水平溢出效应进行分析。首先建立了跨国公司和本土水平关联企业之间的博弈模型，求出基于市场竞争的最优价格、最优市场份额和最优产品绿色度，并根据模型得出一些结论。接下来，运用Matlab 7. 11软件数值模拟的方法检验本土企业产品最优绿色度和消费者对绿色管理偏好、绿色管理实施成本等变量之间的关系。

5.1 研究问题描述

绿色管理是一种企业内部管理方式，需要通过第1章所提到的产品"绿色度"来表现为最终成果，通过市场外部性获取相应的利润。本研究运用绿色度的概念，将企业绿色管理水平融入到所生产的产品中，并通过供给和需求的市场机制探究跨国公司绿色管理通过水平关联向本土竞争者的传递过程。本章模型中用变量表示产品的绿色度。

采取不同绿色管理水平的企业其产品绿色度也存在很大差异，为了简化模型，假设行业内有两种绿色管理战略：主动型和被动型。通常而言，先进的绿色管理总是在部分经营状况较好、实力较强的企业中率先实施，并通过市场机制影响其他企业（Porter & Linde, 1995）。跨国公司一方面受到来自全球的利益相关者压力，另一方面拥有雄厚的实力和先进的技术来支持绿色管理实施，往往会采取主动型绿色管理战略以应对环境规制压力和培养新的竞争优势。而成长于转型经济背景下的我国本土企业，长期追求低成本战略，对于绿色管理则更多地采取被动接受态度。无论是整体绿色管理战略规划、生产过程的控制，还是最终绿色产品的实现，跨国公司的绿色管理水平都高于本土企业（戈爱晶 & 张世秋，2006），所以跨国公司产品绿色度要高于本土企业。g_m 和 g_i 分别表示跨国公司和本土企业的产品绿色度，有 $g_m > g_i$。设 g_0 为该行业绿色管理的最低要求所对应的产品绿色度，达不到该管制要求的企业将无法进入该行业。

市场上消费者对于环境偏好存在一定的差异，有的消费者环保意识较强，重视产品对生态环境的影响；有的消费者的环保意识较弱，对环境问题并不关心。用 θ 表示消费者对产品的绿色满意程度，同时消费者每增加一单位满意度要为此支付费用 k，k 又称为消费者绿色偏好支付系数。

另外，跨国公司和本土企业的产品边际成本分别为 c_m 和 c_l，产品价格为 p_m 和 p_l，产量为 q_m 和 q_l。

本章所研究的问题是，考虑消费者绿色偏好、市场产品竞争等情况下，跨国公司绿色度向水平关联的本土企业传递的博弈模型。

5.2　模型建立

5.2.1　模型假设

对模型做假设如下：

（1）本土市场为双寡头市场，即跨国公司和本土企业。跨国公司和本土企业采取不同的绿色管理战略，跨国公司采用较高的绿色管理水平 g_m；本土企业的绿色管理水平较低，为 g_l，有 $g_m > g_l$。

（2）跨国公司和本土企业为了实施绿色管理需要付出相应的成本，设为 μ_m 和 μ_l，例如，污染治理设施的购买、绿色产品研发、以及绿色管理人力资源培训等。假设绿色管理成本与最终产品绿色度成二次方关系，即 $\mu_m = \beta_m (g_m - g_0)^2$ 和 $\mu_l = \beta_l (g_l - g_0)^2$，$\beta_m$ 和 β_l 分别为绿色管理成本系数[①]。

（3）实施绿色管理可以通过提高原材料和能源使用效率，缩短生产周期，节省污染设备运转成本等方面为企业带来成本优势（Hart，1995）。跨国公司

---

① 这里仿照朱庆华 & 窦一杰（2011）的研究，借鉴了技术管理中 AJ 模型（d'Aspremont & Jacquemin，1988），即投入成果是投入成本的二次方。

和本土企业实施绿色管理也带来了产品边际成本的下降，设为 ε_m 和 ε_l。跨国公司所降低的成本为 $\varepsilon_m(g_m - g_0)$，本土企业为 $\varepsilon_l(g_l - g_0)$。

（4）消费者对于产品的环境满意度 θ 服从均匀分布，即 $\theta \sim [\underline{\theta}, \bar{\theta}]$。$\underline{\theta}$ 和 $\bar{\theta}$ 代表两个极端，$\underline{\theta}$ 意味着产品绿色度对消费者不产生任何影响，$\bar{\theta}$ 则表明消费者具有极强的环境保护意识，愿意购买绿色度高的产品。跨国公司和本土企业的产品绿色度和产品价格并不相同，消费者根据绿色偏好支付系数 k 进行购买选择，具体的有：当 $p_l + k(\theta - \underline{\theta}) = p_m$ 时，θ 类消费者才会购买跨国公司绿色度高的产品，即存在一个 θ^*，该类消费者对于购买高、低绿色度的产品没有差别。则有：

$$\theta^* = \underline{\theta} + \frac{p_m - p_l}{k} \qquad \text{式（1）}$$

（5）设市场容量为 1，跨国公司所生产的高绿色度产品量为 q_m，本土企业所生产的低绿色度产品量为 $q_l = 1 - q_m$。

购买跨国公司产品消费者效用为：

$$U_m = \int_{\theta^*}^{\bar{\theta}} \frac{k(\theta - \underline{\theta}) - p_m}{\bar{\theta} - \underline{\theta}} d\theta = \frac{(\bar{\theta} - \theta^*)(k\bar{\theta} + k\theta^* - 2k\underline{\theta} - 2p_m)}{2(\bar{\theta} - \underline{\theta})}$$

将式（1）代入得到：

$$U_m = \frac{1}{2}k(\bar{\theta} - \underline{\theta}) - p_m + \frac{p_m^2 - p_l^2}{2k(\bar{\theta} - \underline{\theta})} \qquad \text{式（2）}$$

购买本土企业产品消费者效用为：

$$U_l = \int_{\underline{\theta}}^{\theta^*} \frac{k(\theta - \underline{\theta}) - p_l}{\bar{\theta} - \underline{\theta}} d\theta = \frac{(\theta^* - \underline{\theta})(k\theta^* - p_l)}{2(\bar{\theta} - \underline{\theta})}$$

将式（1）代入得到：

$$U_l = \frac{(p_m - p_l)(k\underline{\theta} + p_m - 2p_l)}{2k(\bar{\theta} - \underline{\theta})} \qquad \text{式（3）}$$

另外对于市场需求量 q_m 和 q_l 分别计算如下：

$$q_m = 1 \times \int_{\theta^*}^{\bar{\theta}} \frac{1}{\bar{\theta} - \underline{\theta}} d\theta = \frac{\bar{\theta} - \theta^*}{\bar{\theta} - \underline{\theta}} \qquad\qquad 式（4）$$

将式（1）代入得到：

$$q_m = 1 - \frac{p_m - p_l}{k(\bar{\theta} - \underline{\theta})} \qquad\qquad 式（5）$$

相应地计算出 q_l 为：

$$q_l = \frac{p_m - p_l}{k(\bar{\theta} - \underline{\theta})} \qquad\qquad 式（6）$$

跨国公司和本土企业的收益函数分别为：

$$\pi_m = （p_m - c_m + \varepsilon_m(g_m - g_0)）q_m - \beta_m（g_m - g_0）^2 \qquad 式（7）$$
$$\pi_l = （p_l - c_l + \varepsilon_l(g_l - g_0)）q_l - \beta_l（g_l - g_0）^2 \qquad 式（8）$$

5.2.2　模型参数汇总

将模型参数汇总，如表 5 - 1 所示。

表 5 - 1　模型参数汇总

参数	含义与备注
g_m, g_l, g_0	跨国公司（M）和本土企业（L）的产品绿色度；g_0 为该行业的最低绿色度要求
p_m, p_l	跨国公司和本土企业的产品价格
q_m, q_l	跨国公司和本土企业的产量，设 $q_m + q_l = 1$
c_m, c_l	跨国公司和本土企业产品的边际成本
$\theta \sim [\underline{\theta}, \bar{\theta}]$	θ 为消费者对产品的绿色满意度，代表不同的消费类型，服从 $[\underline{\theta}, \bar{\theta}]$ 上的均匀分布，记 $\Delta\theta = \bar{\theta} - \underline{\theta}$
k	消费者绿色偏好支付系数，代表每增加一个单位的绿色满意度，消费者愿意支付的费用
β_m, β_l	跨国公司和本土企业的绿色管理成本系数
ε_m, ε_l	跨国公司和本土企业实施绿色管理带来的成本降低率，$0 \leqslant \varepsilon_m$, $\varepsilon_l \leqslant 1$
U_m, U_l	消费者购买跨国公司和本土企业产品所带来的效用函数
π_m, π_l	跨国公司和本土企业的收益函数

5.3 模型求解

5.3.1 跨国公司和本土企业的产品最优价格

对 π_m 和 π_l 分别求 p_m 和 p_l 的导数，得到跨国公司和本土企业的生产最优价格：

$$p_m^* = \frac{1}{3}\left[2k\Delta\theta + 2c_m + c_l - 2\varepsilon_m(g_m - g_0) - \varepsilon_l(g_l - g_0)\right] \quad 式（9）$$

$$p_l^* = \frac{1}{3}\left[k\Delta\theta + c_m + 2c_l - \varepsilon_m(g_m - g_0) - 2\varepsilon_l(g_l - g_0)\right] \quad 式（10）$$

$$p_m^* - p_l^* = \frac{1}{3}\left[k\Delta\theta + c_m - c_l - \varepsilon_m(g_m - g_0) + \varepsilon_l(g_l - g_0)\right] \quad 式（11）$$

观察式（9）、式（10）和式（11），可以得到结论1和结论2：

结论1：消费者的绿色偏好支付系数 k 越高，跨国公司和本土企业产品价格就越高，并且两类企业之间的产品价格差异也随着绿色偏好支付系数的增加而扩大。

消费者绿色偏好系数的增加说明大众环保意识的提高，消费者愿意支付更多费用去购买绿色度高的产品，这对实施绿色管理的跨国公司和本土企业均有益。另外随着消费者绿色偏好支付的增加，高绿色度和低绿色度产品的价格差异越来越大，结果可能会导致跨国公司和本土企业各自关注两类细分市场：跨国公司依靠高绿色度的产品赢得环保意识较强的客户，而本土企业则依靠低价吸引另一类注重价格的消费者。

结论2：跨国公司和本土企业产品价格差异随着本土企业绿色管理成本降低率 ε_l 升高而增加，随着边际生产成本 c_l 的降低而增加。

如果将跨国公司的参数固定，该结论意味着绿色管理为本土企业带来的成本降低率越高，会给最终产品带来更多的低价竞争力。实际经营中，本土企业通常会采用那些既经济又可以实现环保的措施，例如提高原材料利用率、减少包装等，这类措施通常会导致 ε_l 越来越大，而产品边际成本越来越小，为本土企业赢得低价竞争优势（朱庆华、窦一杰，2011）。

结论3：行业的最低绿色度要求越高，跨国公司和本土企业的产品价格均增大。

对 p_m^* 和 p_l^* 求 g_0 的偏导：

$$\frac{\partial p_m^*}{\partial g_0} = \frac{1}{3}(2\varepsilon_m + \varepsilon_l) > 0, \frac{\partial p_l^*}{\partial g_0} = \frac{1}{3}(2\varepsilon_m + \varepsilon_l) > 0$$

因此，p_m^* 和 p_l^* 均随着 g_0 的增大而增加，这意味着政府如果提高该行业的绿色准入水平，相当于增加企业的绿色运营成本，在其他条件不变的情况下，会推高产品价格。

5.3.2　跨国公司和本土企业的最优市场份额

$$q_m^* = \frac{1}{3k\Delta\theta}[2k\Delta\theta - c_m + c_l + \varepsilon_m(g_m - g_0) - \varepsilon_l(g_l - g_0)] \quad 式（12）$$

$$q_l^* = \frac{1}{3k\Delta\theta}[k\Delta\theta + c_m - c_l - \varepsilon_m(g_m - g_0) + \varepsilon_l(g_l - g_0)] \quad 式（13）$$

结论 4：行业的最低绿色度要求越高，跨国公司和本土企业市场份额的变换取决于跨国公司和本土企业绿色管理成本降低率 ε_m 和 ε_l 的差异。

对 q_m^* 和 q_l^* 分别求 g_0 的偏导，得到：

$$\frac{\partial q_m^*}{\partial g_0} = \frac{1}{3k\Delta\theta}(\varepsilon_l - \varepsilon_m), \frac{\partial q_l^*}{\partial g_0} = \frac{1}{3k\Delta\theta}(\varepsilon_m - \varepsilon_l)$$

当 $\varepsilon_l > \varepsilon_m$ 时，行业最低绿色度要求的提高会增加跨国公司的市场份额；当 $\varepsilon_l < \varepsilon_m$，则最低绿色度要求会提高本土企业的市场份额。

在实际情况中，本土企业实施绿色管理所获得的成本降低率 ε_l 往往会高于 ε_m，因为本土企业处于绿色管理初期，可能更注重能够带来直接效应的绿色管理措施，以期获得立竿见影的绿色管理收益。而跨国公司实施绿色管理的历史较长，实施层次较高，可能会更注重品牌形象、政府关系等更为长远的目标，相比短期边际成本降低并不高。根据结论 4，当 $\varepsilon_l > \varepsilon_m$ 时，政府如果提高该行业的绿色准入门槛 g_0，会有益于跨国公司市场份额，而降低本土企业的市场份额。所以政府在本土企业绿色管理实施水平还不成熟、实施水平还较低时，对于该行业硬性的绿色准入门槛设定应该持谨慎态度，最大程度地保护本土企业实施绿色管理积极性，减少产生跨国公司进入的挤出效应。

5.3.3 跨国公司和本土企业的最优产品绿色度

跨国公司和本土企业的利润分别为：

$$\pi_m^* = \frac{1}{9k(\bar{\theta} - \underline{\theta})} [2k(\bar{\theta} - \underline{\theta}) - c_m + c_l + \varepsilon_m(g_m - g_0)$$
$$- \varepsilon_l(g_l - g_0)]^2 - \beta_m(g_m - g_0)^2$$

$$\pi_l^* = \frac{1}{9k(\bar{\theta} - \underline{\theta})} [k(\bar{\theta} - \underline{\theta}) + c_m - c_l - \varepsilon_m(g_m - g_0)$$
$$+ \varepsilon_l(g_l - g_0)]^2 - \beta_l(g_l - g_0)^2$$

若将跨国公司绿色度、成本降低率等参数视作固定，计算本土企业的最优产品绿色度，对 π_l^* 求 g_l 的一阶偏导得到 g_l^*：

$$g_l^* = \frac{\varepsilon_l}{2}(k\Delta\theta + c_m - c_l) + \frac{\varepsilon_m\varepsilon_l}{a}g_m + (\frac{\varepsilon_l}{a} + 1)g_0 \qquad \text{式（14）}$$

其中 $a = \varepsilon_l^2 - 9\beta_l k\Delta\theta$

结论 5：行业的最低绿色度要求越高，本土企业和跨国公司的产品绿色度均增加。

国家对行业最低绿色度标准 g_0 的设定可以提高企业环境保护的进入门槛，对本土企业和跨国公司对产品绿色度的重视和提高均有利。东道国政府可以采取行政、宣传等手段对企业的绿色管理进行奖励或惩罚，从而提高企业的绿色管理水平。

结论 6：在外部消费者条件一定的情况下，当本土企业绿色管理成本系数 β_l 足够低，成本降低率 ε_l 足够大时，跨国公司的产品绿色度会向本土企业溢出。

具体的当 $\varepsilon_l^2 - 9\beta_l k\Delta\theta < 0$，即 $\varepsilon_l^2 < 9\beta_l k\Delta\theta$ 时，跨国公司和本土企业的产品绿色度存在负相关，这时跨国公司产品绿色度越高反而本土企业产品绿色度越低，溢出效应不存在；当 $\varepsilon_l^2 - 9\beta_l k\Delta\theta > 0$，$\varepsilon_l^2 > 9\beta_l k\Delta\theta$ 时，跨国公司和本土企业的产品绿色度存在正相关，这时跨国公司产品绿色度越高相应的本土企业绿色度也越高，说明存在绿色管理溢出效应。

以上是从公式中推导出来的结论，只有在绿色管理能够为企业带来确切收益时，本土企业才会向跨国公司学习先进的绿色管理。实际中，本土企业注重带来直接收益的绿色管理。例如，若企业采取减少产品包装来提高产品绿色度的措施，一方面该措施管理成本较低，甚至可以减少原有的管理成本（$\beta_l < 0$），另一方面包装的减少可以直接降低产品的边际原材料成本，产生成本降低率 ε_l 比较大。只有当本土企业采取这类绿色管理措施，跨国公司先进的绿色管理知识才会向本土企业传递。相反，若绿色管理措施所消耗的成本较高，也不能产生即刻收益，例如举办绿色公益活动，跨国公司的这类绿色管理措施就很难向本土企业传递。

结论 7：若跨国公司溢出效应存在，跨国公司绿色成本降低率 ε_m 和本土企业绿色成本降低率 ε_l 的乘积，会正向影响该效应。

跨国公司绿色管理的溢出大小受到 $\varepsilon_m \varepsilon_l$ 的影响，当 $\varepsilon_m \varepsilon_l$ 越大时，跨国公司的溢出效应越明显，反之越弱。事实上，$\varepsilon_m \varepsilon_l$ 可以看做是本土企业吸收能力的综合反映。跨国公司绿色成本降低率 ε_m 越大，说明跨国公司采取了更先进的绿色管理措施，并且更好地体现在最终产品上。成本降低率 ε_l 越大，说明本土企业可能通过有效的管理实现边际成本的降低，也可能通过有效的研发活动提高原材料使用率等，总而言之，意味着本土企业具备较强的吸收能力，使得绿色管理能够得到成功实施。

5.4　数值模拟分析

由于公式（14）比较复杂，无法直观看出本土企业产品绿色度和其他变量之间的关系，接下来运用 Matlab 7.11 软件对模型进行数值模拟分析，对公式（14）设置的基本参数如表 5 – 2 所示。

表 5 – 2　数值模拟基本参数设置

变量	ε_m	$\Delta\theta$	c_m	c_l	β_l	g_m	g_0
值	0.1	5	3	2	0.1	5	1

5.4.1　本土企业产品绿色度和消费者绿色偏好支付系数的关系

分别设本土企业实施绿色管理所带来的成本降低率为 $\varepsilon_l = 0.1$，0.3，0.5，考察在不同 ε_l 取值下本土企业产品绿色度和市场对绿色偏好之间的关系，如图 5－1 所示。

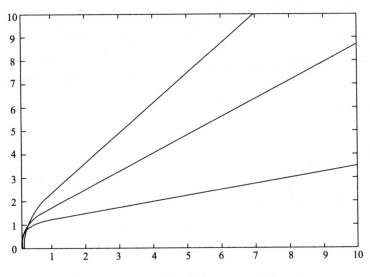

图 5－1　产品绿色度和消费者绿色偏好的关系

结论 8：消费者绿色偏好支付系数越高，本土企业的产品绿色度会增加。

这意味企业所实施绿色管理受到市场机制的作用，消费者对环境保护的认可度会促进企业的绿色管理，进而为非营利组织的运作提供了可能性。非营利组织作为消费者的代表，是公众参与环境保护的社会机制之一，通过宣传、社会活动、舆论工具等方式倡导环境保护，提高公众环保意识，促进公民环保行动参与，参与和推动环保政策，协助公众环境维权，监督环境政策实施，推动企业施加绿色管理。

5.4.2　本土企业产品绿色度和实施绿色管理成本降低率的关系

成本降低率 ε_1 意味着企业实施绿色管理带来的成本优势，考察在不同 k 取值下 ε_1 和最优产品绿色度的关系，如图 5－2 所示。

和结论 7 一致，成本降低率 ε_1 越大，则企业的产品绿色度越高，说明两者之间具有较高的相关性。一方面企业可能得益于成功实施的绿色管理，为企业带来了实质性的成本节约，获得较大的成本降低率；另一方面成本降低率的增加意味着企业目前具有较强的吸收能力，能够承接高水平的绿色管理。

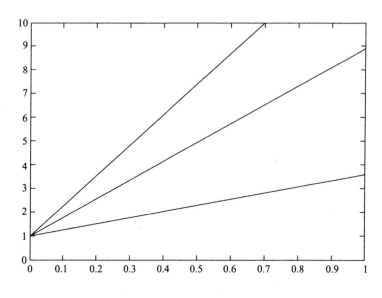

图 5 - 2　产品绿色度和成本降低率的关系

5.5　本章小结

　　本章运用经济学的分析方法，对本土企业和跨国公司实施绿色管理的成果进行了分析，研究了水平溢出效应对本土企业产品绿色度的影响。研究结果显示，水平关联在一定条件下对本土企业的绿色管理产生影响，市场消费者对环境保护的态度、企业内部管理等因素对这种溢出效应存在作用。

第6章 跨国公司绿色行为垂直溢出渠道分析

本章对跨国公司的垂直溢出效应进行分析，分为后向溢出效应和前向溢出效应两个部分。在后向溢出效应中跨国公司对上游供应商实施绿色管理有两个目的：一是减少中间品生产成本，二是提高中间品的绿色度，进而提高最终产品绿色度。基于此假设，本文首先建立了跨国公司和后向关联企业之间的博弈模型，接下来考虑有竞争供应商进入供应链中的双寡头模型，最后运用 Matlab 7.11 数值模拟考察了本土企业最优绿色度和市场敏感程度、是否有竞争者效仿绿色管理等变量之间的关系。

类似地，本文建立了前向溢出效应的模型，分别考察了垄断市场和双寡头两种情形下的本土企业产品绿色度情况。但相对因绿色订单效应所产生的强制性后向溢出效应，跨国公司对前向关联企业的控制力相对较弱，所产生的前向溢出效应并不明显。

6.1 跨国公司绿色行为后向溢出的机理分析：绿色订单效应

6.1.1 模型假设和博弈过程

对模型做假设如下：

（1）由于各种原因，跨国公司（M）对本土原供应商（S_1）提出绿色管理要求，设为 s，为了帮助或监督绿色管理的实施，跨国公司需要付出一定的成本 $I(s)$，$I(s)$ 满足：

对于 $\forall s \in [0, s_{\min}]$，有 $I(s) = 0, I'(s_{\min}) = 0$；

对于 $\forall s > s_{\min}$，有 $I(s) = 0, I'(s) > 0$，$I''(s) > 0$。

这意味着当跨国公司对本土原供应商只提出小部分绿色管理要求时，跨国公司并不需要为此付出成本，只有当绿色管理要求达到一定程度时，跨国公司所付出的成本才持续上升，并且在$[s_{\min}, +\infty]$上满足凸函数条件。

（2）本土原供应商根据跨国公司要求 s 实施绿色管理，生产出绿色度为 $g_1(s)$ 的中间产品，其中 $g_1'(s) > 0$。实施绿色管理需要付出一定的成本，和前一章相同假设绿色管理成本与最终产品绿色度成二次方关系，即 $\mu = \beta(g_1(s) - g_0)^2$，其中 β 为大于零的常量。

（3）本土原供应商实施绿色管理也带来了产品边际成本的下降，设为 $\varepsilon(g_1(s) - g_0)$。

（4）本土原供应商面临着当地竞争供应商（S_2），竞争供应商可能会效仿原供应商实施绿色管理，生产出绿色度为 g_1 的中间产品，设竞争者效仿原供应商的可能性为 θ。

（5）随着本土供应商绿色管理水平的提高，跨国公司最终产品的绿色度也有所提高，设为 $g_m(s)$。为了简化模型，不考虑跨国公司自身实施绿色管理的影响，认为跨国公司对最终产品绿色度的增加值为0，即 $g_m(s) = g_1(s)$。

（6）消费者对最终环境保护型产品有所偏好，跨国公司产品绿色度的提高带来最终产品市场份额的扩大，设产品市场的反需求函数表示为 $p = Q - q_m / g_m^k$，其中 k 为最终产品市场份额对绿色度的敏感程度。Q 为最终产品市场总容量，下标 m 代表跨国公司。

图 6-1 是跨国公司后向关联博弈过程示意图，具体的博弈分为四个阶段：

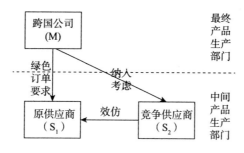

图 6-1　跨国公司后向关联博弈过程示意图

第一阶段：跨国公司（M）决定对本土供应商绿色管理要求 s，作为绿色管理的溢出源头，跨国公司决定了本土供应商实施绿色管理的上限。

第二阶段：本土原供应商（S_1）选择实施绿色管理的程度，并由此获得

中间产品的绿色度 $g_1(s)$。

第三阶段：竞争供应商（S_2）效仿原供应商（S_1）实施绿色管理，并被跨国公司纳入采购考虑，原供应商和竞争供应商选择中间品的最优供应量。

第四阶段：跨国公司选择最终产品产量以取得利润最大化。

6.1.2　模型参数汇总

将模型参数汇总，如表 6 – 1 所示：

表 6 – 1　后向关联效应模型参数汇总

参数	含义与备注
s	跨国公司向本土供应商提出的产品绿色度要求
$I(s)$	跨国公司为绿色度要求 s 所付出的成本
p	最终产品价格
Q	最终产品总的市场容量
q_m	最终产品价格产量
k	k 为最终产品消费者绿色的敏感程度
g_1, g_0	本土供应商（S1）所提供的中间品绿色度；g_0 为该行业的最低绿色度要求
w	中间产品价格
c	中间产品生产成本
β	本土供应商的绿色管理成本系数
ε	本土供应商实施绿色管理带来的成本降低率，$0 \leqslant \varepsilon \leqslant 1$
θ	为本土竞争供应商对原供应商绿色管理的效仿程度
π_m, π_{S_1}	跨国公司和本土供应商的收益函数

6.1.3　本土供应商垄断中间品市场的情形

假设此时中间产品市场由一家本土供应商垄断，根据最终产品的反需求函数 $p = Q - q/g_1^k$，跨国公司的利润为：

$$\pi_m(g_1(s);s) = [p(g_1(s),q(w)) - w(g_1;s)]q(w) - I(s)$$

将 p 代入计算最优产量为：

$$q^* = \frac{g_1^k}{2}(Q - w)$$

$$p^* = \frac{1}{2}(Q + w)$$

$$\pi_m^* = \frac{g_1^k}{4}(Q - w)^2 - I(s)$$

本土原供应商（S_1）的利润函数为：

$$\pi_{S_1}(g_1 ; s) = x_1(w(g_1 ; s) ; s)[w(g_1 ; s) - c + \varepsilon(g_1 - g_0)] - \beta(g_1 - g_0)^2$$

其中 x_1 为本土原供应商在中间品价格 w 下的产量，当跨国公司只有 S_1 一个本土原供应商时，本土原供应商所提供的中间产品产量与跨国公司的最终产品产量相当，即 $x_1^* = q^*$。最大化本土供应商利润 π_{S_1}，得到中间产品的最优价格 w^* 为：

$$w^* = \frac{1}{2}[Q + c - \varepsilon(g_1 - g_0)] \qquad\qquad 式（1）$$

结论 1：跨国公司对本土供应商绿色管理的要求可以减少中间品的生产成本，降低中间品的采购价格。

对 w^* 求 s 的一阶导数得 $\frac{dw^*}{ds} = -\frac{\varepsilon}{2} g_1'(s)$，由于 $g_1'(s) > 0$，所以 w^* 随着跨国公司对本土供应商绿色管理要求 s 的增高而降低。

这就意味着，跨国公司并不仅是为了规避各种利益方压力而要求供应链上企业实施绿色管理，对供应商的绿色管理要求能够为跨国公司带来现实的降低成本而获得额外收益。所以实践中，有许多跨国公司与上游供应商进行环境合作，主动提供绿色管理资金、技术等支持。例如 2010 年，联合利华宣布实施全球"可持续发展计划"，提出在 2020 年前将产品对环境的影响减少一半。联合利华及其供应商与中粮集团旗下子公司中粮屯河合作了"新疆可持续农业项目"，在该项目上联合利华为中粮屯河设计了测土施肥试验，根据土壤中水解性氮、有效磷、速效钾等的检测结果，通过配比施肥以达到均衡施肥的效果。一方面提高化肥利用率，达到增产增收的目的，另一方面有效降低了番茄的农药残留量，为环境保护做出了贡献。

将式（1）代入可以得到跨国公司的最优产量、价格和利润为：

$$q^* = \frac{g_1^k}{4}[Q - c + \varepsilon(g_1 - g_0)] \qquad\qquad 式（2）$$

$$p^* = \frac{1}{4}\left[3Q + c - \varepsilon(g_1 - g_0)\right] \qquad \text{式（3）}$$

$$\pi_m^* = \frac{g_1^k}{16}\left[Q - c + \varepsilon(g_1 - g_0)\right]^2 - I(s) \qquad \text{式（4）}$$

结论 2：跨国公司对本土供应商绿色管理的要求可以提高最终产品销量，并且这种正向影响受到最终产品市场对绿色敏感程度 k 的正向调节。

根据式（2）对 q^* 求 s 的一阶导数得：

$$\frac{dq^*}{ds} = \frac{g_1^{k-1}}{4}\left\{k\left[Q - c + \varepsilon(g_1 - g_0)\right] + \varepsilon g_1\right\}g_1' > 0$$

可知跨国公司的最优产量随着对本土供应商绿色管理要求的增加而提高，因此当跨国公司需要扩大其最终产品销量时，可以通过向上游供应商施加绿色管理压力，降低中间品价格，获得更多的产量。当消费者对绿色敏感程度 k 越高，q^* 对的一阶导数值越大，最终产品销量增加速度越快。这说明在那些产品绿色敏感程度较高的行业，例如重污染行业，跨国公司对供应商的绿色管理要求，能够帮助跨国公司迅速打开市场。

结论 3：当跨国公司所付出成本变化不大时，对本土供应商绿色管理要求可以增加跨国公司的利润，并且这种正向影响受到最终产品市场对绿色敏感程度 k 的正向调节。

根据式（4）对 π_m^* 求 s 的一阶导数得：

$$\frac{d\pi_m^*}{ds} = \frac{kg_1^{k-1}}{16}\left[Q - c + \varepsilon(g_1 - g_0)\right]^2 g_1'(s)$$

$$+ \frac{\varepsilon g_1^k}{8}\left[Q - c + \varepsilon(g_1 - g_0)\right]g_1'(s) - I'(s)$$

当 $I'(s)$ 足够小时，$d\pi_m^*/ds > 0$，说明跨国公司在对上游供应商提出绿色管理要求时也要兼顾自身所付出的成本，只有成本变化率足够小时，才能持续增加跨国公司利润。特别的，当 $s < s_{\min}$ 时，跨国公司不必为所提出的绿色管理要求付出成本，在这个区间内跨国公司提出的越多，其获得的利润越大。另外和最终产品销量一致，消费者对绿色敏感程度对跨国公司利润的增加起着正向调节作用。

6.1.4　本土供应商的双寡头模型

若本土市场中存在原供应商的竞争者，在双寡头竞争情况下，本土原供应商的利润函数变为：

$$\pi_{S_1}(g_1;s) = x_1(g_1;s)\left[w(x_1(g_1;s),x_2(g_1;s);s)\right.$$
$$\left. - c + \varepsilon(g_1 - g_0)\right] - \beta(g_1 - g_0)^2 \qquad \text{式(5)}$$

其中 x_1 和 x_2 为本土原供应商和本土竞争供应商纳什均衡下的各自产量，满足约束条件 $x_1 + x_2 = q^*$，根据库诺均衡的解可以得到：

$$x_1^* = x_2^* = \frac{1}{3}q^* = \frac{g_1^k}{6}(Q - w)$$

则原供应商的期望产量为：

$$Ex_1 = \frac{3 - 2\theta}{6}g_1^k(Q - w)$$

结论4：本土原供应商实施绿色管理会产生两种不同的结果，一方面实施绿色管理可以扩大最终产品销量，进而扩大中间产品销量，为供应商增加利润；另一方面，实施绿色管理可能会被其他竞争者所效仿，瓜分了原有的市场份额。

将 x_1^*，x_2^* 代入式（5）最大化利润函数得到中间产品最优价格 w^*，此时 w^* 保持不变，仍然为：

$$w^* = \frac{1}{2}\left[Q + c - \varepsilon(g_1 - g_0)\right]$$

本土原供应商的利润期望值为：

$$E\pi_{S_1}(g_1;s) = \left[\frac{(1 - \theta)g_1^k}{2}(Q - w) + \frac{\theta g_1^k}{6}(Q - w)\right]\left[w - c + \varepsilon(g_1 - g_0)\right]$$
$$- \beta(g_1 - g_0)^2$$

代入 w^*，得到：

$$E\pi_{S_1}(g_1;s) = \frac{(3 - 2\theta)g_1^k}{24}\left[Q - c + \varepsilon(g_1 - g_0)\right]^2 - \beta(g_1 - g_0)^2$$

最大化供应商利润期望值，最优中间产品绿色度满足条件：

$$\frac{(3-2\theta)kg_1^{k-1}}{24}\left[Q-c+\varepsilon(g_1-g_0)\right]^2 + \frac{(3-2\theta)g_1^k\varepsilon}{12}\left[Q-c+\varepsilon(g_1-g_0)\right]$$
$$-2\beta(g_1-g_0)=0 \qquad\qquad\qquad 式(6)$$

6.2　后向溢出效应的数值模拟分析

接下来运用 Matlab 7.11 软件对模型进行数值模拟分析，基本参数设置如表 6-2 所示。

表 6-2　数值模拟基本参数设置

变量	Q	c	ε	g_0	β
值	10	2	0.2	1	1

6.2.1　本土供应商实施绿色管理对其中间品销量的影响

情形一：东道国只存在 S_1 一个供应商，考察供应商中间产品绿色度 g_1 和最优销量 q^* 之间的关系。如图 6-2 所示。

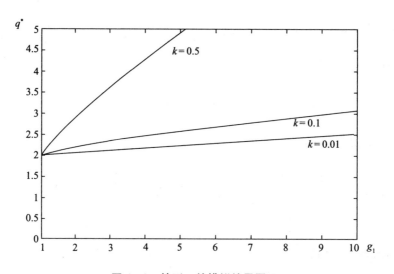

图 6-2　情形一的模拟结果图示

图6-2显示，针对不同k的取值（$k = 0.01$，0.1，0.5），中间产品的最优产量均随着产品绿色度的增加而递增。另外消费者对绿色敏感程度越高，最优产量的增加速度就越快，和之前由公式推导的结论相一致。

情形二：东道国存在两个供应商S_1和S_2，设市场对绿色管理敏感度$k = 0.1$，考察竞争供应商不同效仿可能性下中间产品绿色度g_1和最优销量q^*之间的关系。如图6-3所示。

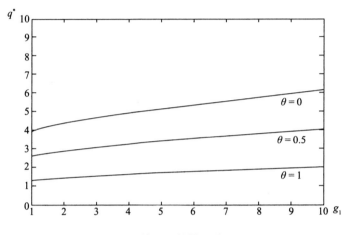

图6-3 情形二的模拟结果图示

图形显示在$k = 0.1$的情况下，虽然最优产量都随着绿色度的增加而增加，但$\theta = 1$所对应的曲线最平坦，这就意味着竞争者效仿可能性越大，最优产量的增加幅度就越缓慢。

6.2.2 中间品最优绿色度和市场敏感程度的关系

式（6）给出了供应商的最优绿色度和k，θ之间的关系，由于公式较复杂，无法得出直观的结论，下面运用数值模拟显示变量之间的关系。

g_1和k的关系：考察不同竞争者效仿可能性下，供应商中间产品最优绿色度g_1和消费者的绿色敏感度k的关系。如图6-4所示。

分别取$\theta = 0$，0.5，1做图，图形显示供应商为了获得其利润最大化，在$k \in [0, 1]$的区间内，中间产品的最优绿色度g_1随着消费者的绿色敏感度递增。竞争者的效仿可能性θ会对g_1的变化速度产生影响，当效仿可能性较小时，g_1的增加速度就越快。由此有结论：

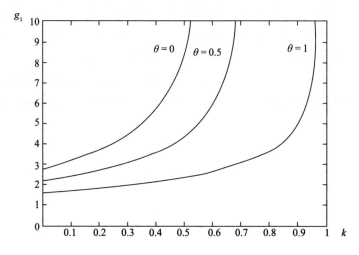

图 6 – 4　最优绿色度和市场敏感程度的关系

结论 5：供应商中间产品的最优绿色度 g_1 随着消费者绿色敏感度 k 的增加而递增。

6.2.3　中间品最优绿色度和竞争供应商效仿概率的关系

g_1 和 θ 的关系：考察不同消费者的绿色敏感度下，供应商中间产品最优绿色度 g_1 和竞争者模仿可能性 θ 的关系。如图 6 – 5 所示。

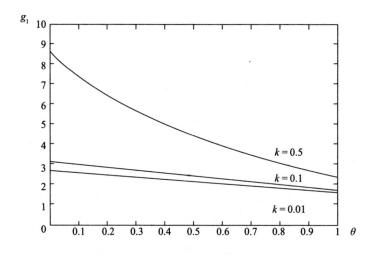

图 6 – 5　最优绿色度和竞争者模仿可能性的关系

分别取 $k = 0.01$，0.1，0.5 做图，总体上最优绿色度 g_1 随着竞争者模仿可能性 θ 的增加而递减。当 $k = 0.5$ 时，g_1 在没有竞争者模仿情形下的初始值最高，但随着 θ 的下降速度也最快；$k = 0.01$ 和 $k = 0.1$ 的初始值较低，所对应的曲线也较平缓。于是有结论：

结论6： 供应商中间产品的最优绿色度 g_1 随着竞争者模仿可能性 θ 的增加而递减。

6.3　跨国公司绿色行为前向溢出的机理分析

6.3.1　模型假设和博弈过程

相比于后向溢出效应，除了在市场产品较为稀缺的卖方市场，由于缺少跨国公司"绿色订单效应"的强制性约束，前向溢出效应的模型较为简单，类似于后向溢出效应，对模型做假设如下：

（1）跨国公司（M）对本土销售商（D_1）提出绿色管理要求，设为 s。

（2）本土销售商根据跨国公司要求 s 实施绿色管理，生产出绿色度为 $g_1(s)$ 的最终产品，其中 $g_1'(s) > 0$。模型中不考虑跨国公司绿色管理的实施情况，认为其生产的中间产品绿色度为 0，最终产品的绿色度均由本土销售商（D_1）体现。并且实施绿色管理需要付出一定的成本，即 $\mu = \beta(g_1(s) - g_0)^2$，其中 β 为大于零的常量。

（3）本土销售商实施绿色管理也带来了产品边际成本的下降，设为 $\varepsilon(g_1(s) - g_0)$。

（4）存在当地其他销售商（D_2）会同原销售商竞争，称为竞争销售商。原销售商的绿色管理知识、技术会被竞争者所效仿，θ 为本土竞争供应商对原供应商绿色管理的效仿可能性。如果竞争者有效仿跨国公司，则可能会将其产品一部分分配给竞争者销售，销售量的分配取决于跨国公司的内部管理。

（5）消费者对最终环境保护型产品有所偏好，产品绿色度的提高带来最终产品市场份额的扩大，设产品市场的反需求函数表示为 $p = Q - q_0/g_1^k$，其中 k 为最终产品市场份额对绿色度的敏感程度，q_0 为跨国公司的产品总销量。

（6）跨国公司确定分销给本土销售商的销量 q_1 和价格 w。

博弈过程：

第一阶段：跨国公司（M）决定对本土销售商（D_1）绿色管理要求 s。

第二阶段：本土销售商（S_1）选择实施绿色管理的程度，并由此获得最终产品的绿色度 $g_1(s)$。

第三阶段：竞争销售商（D_2）效仿原供应商（D_1）实施绿色管理，并被跨国公司纳入采购考虑。

第四阶段：原供应商选择最优产品绿色度以取得利润最大化。

6.3.2 模型参数汇总

将模型参数汇总，如表 6 - 3 所示。

表 6 - 3 前向关联效应模型参数汇总

参数	含义与备注
s	跨国公司向本土供应商提出的产品绿色度要求
p	最终产品价格
Q	最终产品总的市场容量
q_1，q_2	最终产品产量
c	最终产品生产成本
k	k 为最终产品市场对绿色度的敏感程度
g_1，g_0	本土销售商（D1）所提供的中间品绿色度；g_0 为该行业的最低绿色度要求
β	本土销售商的绿色管理成本系数
ε	本土销售商实施绿色管理带来的成本降低率，$0 \leqslant \varepsilon \leqslant 1$
θ	为本土竞争销售商对原销售商绿色管理的效仿可能性
w	中间产品价格
π_m，π_D	跨国公司和本土供应商的收益函数

6.3.3 本土销售商的最优绿色度：垄断和双寡头模型

本土销售商的利润为：

$$\pi_D = [p - w - c + \varepsilon(g_1 - g_0)]q_1 - \beta(g_1 - g_0)^2$$

将最终产品的反需求函数 $p = Q - q_0/g_1^k$ 代入，得到：

$$\pi_D = [Q - q_0/g_1^k - w - c + \varepsilon(g_1 - g_0)]q_0 - \beta(g_1 - g_0)^2$$

最大化本土销售商的利润，最优产品绿色度满足：

$$\frac{kq_0^2}{g_1^{k+1}} + \varepsilon q_0 - 2\beta(g_1 - g_0) = 0 \qquad 式（7）$$

若有两个本土销售商，跨国公司分别给予的中间产品量为 q_1 和 q_2，满足 $q_1 + q_2 = q_0$，$q_1 \leqslant q_0$，这时原本土销售商的利润函数的期望值为：

$$\pi_D = [Q - q_0/g_1^k - w - c + \varepsilon(g_1 - g_0)][(1 - \theta)q_0 + \theta q_1] - \beta(g_1 - g_0)^2$$

最优产品绿色度满足：

$$\frac{kq_0[(1 - \theta)q_0 + \theta q_1]}{g_1^{k+1}} + \varepsilon q_0 - 2\beta(g_1 - g_0) = 0 \qquad 式（8）$$

由于式（7）和式（8）的公式较为复杂，不能直观看出产品绿色度和其他变量的关系，下面用数值模拟进行分析。

6.3.4　数值模拟分析

基本参数设置如表 6 - 4 所示。

表 6 - 4　数值模拟基本参数设置

变量	q_0	ε	g_0	β
值	5	0.2	1	1

情形一：本土只有一家销售商的情况下，市场绿色敏感度 k 和产品最优绿色度 g_1 的关系。

分别取 $q_0 = 5$，8，10 做图，如图 6 - 6 所示。最优绿色度 g_1 随着市场绿色敏感度 k 的增加而递增，说明市场消费者对产品绿色度的敏感会促使本土销售商实施更高水平的绿色管理。于是有结论：

结论 7：本土销售商的最优绿色度随着市场绿色敏感度的增加而递增。

情形二：本土有两家销售商竞争的情况下，竞争销售商模仿可能性和原销售商产品最优绿色度 g_1 的关系。

图 6 - 7 给出了模拟结果，取 $k = 0.1$，q_1 取 0 意味着跨国公司将全部产品给竞争销售商销售，q_1 取 3 意味着部分产品给竞争销售商销售，q_1 取 5 则没有产品给竞争销售商。图形显示，最优绿色度 g_1 随着竞争销售商模仿可能性的增加而降低。这说明因为成本等其他因素的作用，市场内竞争并不会增加

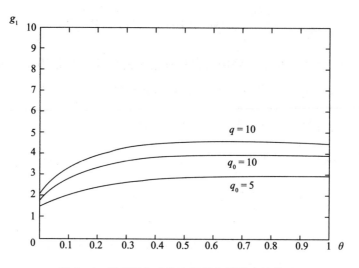

图 6 - 6   最优绿色度和市场绿色敏感度的关系

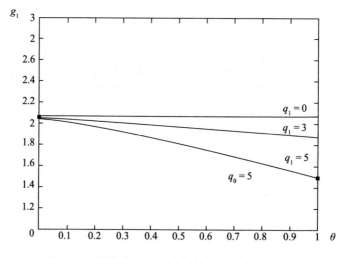

图 6 - 7   最优绿色度和竞争者模仿可能性的关系

产品绿色度，相反对产品绿色度可能还有一定的负向影响。

结论8：本土销售商的最优绿色度随着竞争者模仿性的增加而递减。

6.4 本章小结

本章运用经济学的分析方法，对企业绿色管理成果——产品绿色度——

在市场上的表现进行了分析，研究了后向溢出效应和前向溢出效应对本土企业产品绿色度的影响。研究结果表明，后向关联对本土企业会产生较大的影响，而由于跨国公司前向关联的控制力相对较弱，绿色管理的溢出效应并不是很明显。

第 7 章　跨国公司绿色行为溢出渠道的实证研究——基于动态面板数据的分析

本章通过动态行业面板数据实证分析检验第 4 章提出的研究假设,并与第 5 章和第 6 章的部分结论进行相互验证。本章首先介绍了实证研究设计的方法,其次是数据获取和变量的测量,接下来对样本的描述性统计结果进行了分析。随后进入假设的检验阶段,首先进行了面板数据平稳性检验,以保证回归模型的时序平稳性,接下来运用静态面板数据模型进行了检验,随后运用动态面板数据进行了主效应、调节效应的检验。为了保证模型的稳健性,本研究运用了变量替代法,对模型重新进行检验。

7.1　研究方法

7.1.1　动态面板数据研究方法

面板数据（panel data）,是指将时间序列数据和截面数据综合起来,同时选取样本观测值的一种数据类型。自从 Balestra 和 Nerlove 于 1966 年发表了一篇研讨会论文以来,大量运用面板数据的计量模型出现在社会科学领域。然而现实中许多经济关系并非静态的,这就使得对于面板数据的研究往前迈进一步,动态面板数据成为研究动态现象的一个重要方法。动态面板数据模型（dynamic panel data）是指在静态面板数据模型中加入了滞后因变量,以此揭示因变量的动态变化特征。这就意味着,动态面板数据模型可以同时考察变量相关关系以及动态性质,由此更好地解释经济、管理各个领域变量之间的关系。例如,艾春荣 & 汪伟（2008）运用动态面板数据模型研究了不同省际居民习惯偏好下对于消费的过度敏感性。田侃、李泽广、陈宇峰（2010）研究了中国转型特殊的制度架构和公司债务契约的关系。干春晖、郑若谷、余典范（2011）研究我国经济增长和经济波动中产业结构变迁的作用。在这些研究中，学者运用动态面板数据不仅可以考虑自变量和因变量之间的关系，还考虑了因变量惯性所产生的影响，例如消费惯性的作用（艾春荣、汪伟，2008）。概括起来，动态面板数据模型有以下两个优点：

1. 克服变量遗漏的问题

在回归模型中，如果方程中遗漏了一个实际上应当包含在模型中的变量，很可能会导致最小二乘估计量偏误，成为变量遗漏偏差（omitted variable）。然而在社会科学中，由于变量复杂性以及因果关系模糊性，研究中忽视那些难以量化或无法观测的自变量是一种常见的处理方式，但由此可能造成最小二乘估计量遗漏偏差。动态面板数据中引入因变量的滞后项，可以对遗漏的解释因素进行补救，弥补了因遗漏而造成的估计偏差。

2. 克服内生性问题

由于计量经济模型通常存在内生性问题和反向因果关系（reverse causality），运用静态面板数据的固定效应和随机效应以及混合最小二乘估计都是有偏非一致的估计（王津港，2009），动态面板数据模型采用的工具变量法（instrumental variable）和广义矩估计（generalzed method of moments，GMM）能够有效消除这种相关性，得到一致无偏估计量，克服内生性问题。

7.1.2　广义矩估计法

动态面板数据模型的估计方法分为两类：一类是工具变量法；另一类是广义矩估计方法。工具变量法采用一阶差分消除截面个体效应，然后采用滞后两期的因变量作为滞后一期因变量的工具变量来消除异质性。但 Ahn 和 Schmidt（1995）认为工具变量法没有运用矩条件，不一定是有效的。

为了解决工具变量法的不足，Arellano 和 Bond（1991）提出的差分广义矩估计方法（DIF-GMM），利用了更多样本信息。但实际回归中，差分广义矩估计也有一定缺陷，它会导致部分样本信息的损失，并且当自变量存在时间持续性时，会存在工具变量有效性减弱的问题。Arellano 和 Bover（1995）以及 Blundell 和 Bond（1998）对此作了改进，提出系统广义矩估计方法（SYS-GMM），同时运用差分和水平变量信息，很好地解决了以上问题。

7.1.3　本研究的计量模型

动态面板数据模型是在原有的面板数据模型中加入了因变量的滞后项，具体形式为：

$$y_{it} = \delta y_{i,t-1} + X'_{it}\beta + \gamma_i + \varepsilon_{it}$$

其中 δ 是一个常数，β 是 $k \times 1$ 向量，X_{it} 和 y_{it} 分别为自变量和因变量，$i = 1,2,\cdots,N$ 为面板数据的截面变量，$t = 1$，2，$\cdots$，T 为面板数据的时间变量。随机误差项由两部分组成，γ_i 为具有时间不变性的不可观察的截面个体效应，ε_{it} 为模型的随机扰动项。

1. 静态面板数据模型

本文先使用静态面板数据模型检验绿色管理溢出渠道，将计量模型设定如下：

$$\text{模型 1}:PSW_{it} = constant + HS_{it} + BS_{it} + FS_{it}$$
$$+ PIA_{it} + INDC_{it} + WASTE_{it} + GDP_{it} + \gamma_i + \varepsilon_{it}$$

模型 1 中 i 代表横截面变量，即行业变量，t 代表时间序列变量，即年份。PSW_{it} 表示绿色管理水平。HS_{it}、BS_{it}、FS_{it} 三项分别代表水平关联度、后向关联度和前向关联度。PIA_{it} 表示行业内的单位企业废水处理能力，用来测量第 i 个行业在 t 时期的企业实施绿色行为的能力。$INDC_{it}$ 为该行业竞争强度，用行业利润率表示，利润率越低则表明该行业竞争越激烈。$WASTE_{it}$ 表示该行业废水排放量，代表该行业污染程度。GDP_{it} 为表示第 i 个行业在 t 时期的国民生产总值，作为控制变量衡量该行业的规模。γ_i 代表观测到的行业特质效应，ε_{it} 代表模型的随机扰动项。具体的各变量测量方法见 7.3 节。

2. 动态面板数据模型

接下来本文运用动态面板数据模型克服静态面板数据的一些不足：①首先在模型中加入了因变量（绿色管理水平）的滞后一期值，以此表示企业实施绿色管理的惯性；②自变量和因变量之间可能存在双向因果关系，必须处理内生性问题；③在影响企业绿色管理的各种因素中，有许多观测不到的变量（例如企业文化、资源、行业发展阶段等），这些变量在实际操作中无法很好地测量，但可能与因变量相关；④企业实施绿色管理和最终成果之间可能存在一定的滞后，例如企业第一年投资的废水处理设备在第二年才能正常运转。

为了处理这些问题，本文使用动态面板数据模型和 *GMM* 估计方法，将模型 1 的因变量和自变量作一阶差分，得到以下估计方程模型 2：

$$模型 2：PSW_{it} = constant + PSW_{i,t-1} + HS_{it} + BS_{it} + FS_{it} + HS_{i,t-1}$$
$$+ BS_{i,t-1} + FS_{i,t-1} + PIA_{it} + INDC_{it} + WASTE_{it}$$
$$+ GDP_{it} + \gamma_i + \varepsilon_{it}$$

模型 2 是 Arellano 和 Bond（1991）提出的两阶段差分广义矩（difference GMM）估计方法。但是，差分广义矩估计存在一定的缺陷，会导致一部分信息损失。并且当因变量有时间持续性时，会存在弱工具性问题，从而影响估计结果渐近有效性。系统广义矩估计（system GMM）方法由 Arellano 和 Bover（1995）、Blundell 和 Bond（1998）提出，系统广义矩估计量可以同时利用变量水平方程和差分变化的信息，比差分广义矩估计更有效，从而在研究中有更广泛的应用。但前提条件是，系统广义矩估计中新增的工具变量是有效的，Arellano 和 Bover（1995）、Blundell 和 Bond（1998）提出使用 Sargan 检验，衡量工具变量整体有效性。另外，需要检验模型的序列相关性。系统广义矩估计另一个重要前提是，经过差分转换后的残差不存在一阶序列相关，但允许有一阶序列相关性，运用检验 Abond 检验来判断随机干扰项是否存在序列相关。

由于目前缺少对面板数据调节作用检验的理论文献，本文采用孙少勤 & 邱斌（2011）的分析方法，在模型 2 中依次加入了绿色管理吸收能力、行业竞争程度和行业污染程度的相关交互项，以检验这些变量对溢出效应的调节作用。

$$模型 3：PSW_{it} = constant + PSW_{i,t-1} + HS_{it} + BS_{it} + FS_{it} + HS_{i,t-1} + BS_{i,t-1}$$
$$+ FS_{i,t-1} + PIA_{it} + INDC_{it} + WASTE_{it} + GDP_{it}$$
$$+ PIA_{it} \times HS_{it} + PIA_{it} \times BS_{it} + PIA_{it} \times FS_{it}$$
$$+ \gamma_i + \varepsilon_{it}$$
$$模型 4：PSW_{it} = constant + PSW_{i,t-1} + HS_{it} + BS_{it} + FS_{it} + HS_{i,t-1} + BS_{i,t-1}$$
$$+ FS_{i,t-1} + PIA_{it} + INDC_{it} + WASTE_{it} + GDP_{it}$$

$$+ INDC_{it} \times HS_{it} + INDC_{it} \times BS_{it} + INDC_{it} \times FS_{it}$$
$$+ \gamma_i + \varepsilon_{it}$$

模型 5：$PSW_{it} = constant + PSW_{i,t-1} + HS_{it} + BS_{it} + FS_{it} + HS_{i,t-1} + BS_{i,t-1}$
$$+ FS_{i,t-1} + PIA_{it} + INDC_{it} + WASTE_{it} + GDP_{it}$$
$$+ WASTE_{it} \times HS_{it} + WASTE_{it} \times BS_{it} + WASTE_{it}$$
$$\times FS_{it} + \gamma_i + \varepsilon_{it}$$

7.2 数据的获取

7.2.1 数据来源

本文选取了我国行业面板数据进行实证分析，相关数据来自相应年份的《中国统计年鉴》《中国环境统计年鉴》《中国工业经济统计年鉴》和《2007年中国投入产出系数表》。本文选用2005～2010年数据进行分析，之所以选择这个时间段的数据，是因为目前可获得的最新投入产出系数表为2007年，若选择更早期的数据，可能会存在一定的计算误差。另外，由于行业横截面比较大，为24个，时间序列选取跨度也不宜太大（郭庆宾、柳剑平，2011），所以最终将数据选取定在2005～2010年期间。

7.2.2 研究行业

《2007年中国投入产出系数表》虽然统计了42部门的投入产出情况，但涉及到工业部门数为24个。《中国统计年鉴》《中国环境统计年鉴》《中国工业经济统计年鉴》中工业行业数为39个，统计口径与《2007年中国投入产出系数表》并不一致，本文在计算时将《中国统计年鉴》《中国环境统计年鉴》《中国工业经济统计年鉴》中工业行业数进行了汇总，将39个行业数据合并为24个行业（表7-1）。具体的将黑色金属矿采选业、有色金属矿采选业合并成金属矿采选业；非金属矿采选业、其他采矿业合并成非金属矿及其他矿采选业；农副食品加工业、食品制造业、饮料制造业、烟草制品业合并成食品制造及烟草加工业；纺织服装、鞋、帽制造业、皮革、毛皮、羽毛（绒）及其制品业合并成纺织服装鞋帽皮革羽绒及其制品业；木材加工及木、竹、藤、棕、草制品业、家具制造业合并成木材加工及家具制造业；造纸及纸制品业、印刷业和记录媒介的复制、文教体育用品制造业合并成造纸印刷及文教体育用品制造业；化学原料及化学制品制造业、医药制造业、化学纤维制造业、橡胶制品业、塑料制品业合并成化学工业；黑色金属冶炼及压延加工业、有色金属冶炼及压延加工业合并成金属冶炼及压延加工业；通用设备制造业、专用设备制造业合并成通用、专用设备制造业。

表 7 - 1　24 个行业合并方法

《中国统计年鉴》《中国环境统计年鉴》《中国工业经济统计年鉴》的行业分类	《中国投入产出系数表》的行业分类	行业编号
煤炭开采和洗选业	煤炭开采和洗选业	1
石油和天然气开采业	石油和天然气开采业	2
黑色金属矿采选业	金属矿采选业	3
有色金属矿采选业		
非金属矿采选业	非金属矿及其他矿采选业	4
其他采矿业		
农副食品加工业	食品制造及烟草加工业	5
食品制造业		
饮料制造业		
烟草制品业		
纺织业	纺织业	6
纺织服装、鞋、帽制造业	纺织服装鞋帽皮革羽绒及其制品业	7
皮革、毛皮、羽毛（绒）及其制品业		
木材加工及木、竹、藤、棕、草制品业	木材加工及家具制造业	8
家具制造业		
造纸及纸制品业	造纸印刷及文教体育用品制造业	9
印刷业和记录媒介的复制		
文教体育用品制造业		
石油加工、炼焦及核燃料加工业	石油加工、炼焦及核燃料加工业	10
化学原料及化学制品制造业	化学工业	11
医药制造业		
化学纤维制造业		
橡胶制品业		
塑料制品业		
非金属矿物制品业	非金属矿物制品业	12

《中国统计年鉴》《中国环境统计年鉴》《中国工业经济统计年鉴》的行业分类	《中国投入产出系数表》的行业分类	行业编号
黑色金属冶炼及压延加工业	金属冶炼及压延加工业	13
有色金属冶炼及压延加工业		
金属制品业	金属制品业	14
通用设备制造业	通用、专用设备制造业	15
专用设备制造业		
交通运输设备制造业	交通运输设备制造业	16
电气机械及器材制造业	电气机械及器材制造业	17
通信设备、计算机及其他电子设备制造业	通信设备、计算机及其他电子设备制造业	18
仪器仪表及文化办公用机械制造业	仪器仪表及文化办公用机械制造业	19
工艺品及其他制造业	工艺品及其他制造业	20
废弃资源和废旧材料回收加工业	废弃资源和废旧材料回收加工业	21
电力、热力的生产和供应业	电力、热力的生产和供应业	22
燃气生产和供应业	燃气生产和供应业	23
水的生产和供应业	水的生产和供应业	24

7.3 变量测量

7.3.1 因变量：绿色管理水平

绿色管理水平是一个很难度量的变量，绿色管理涉及到企业运营管理的各个层次，从企业战略层面到基础运营执行，都可以实施绿色管理。本文回顾技术溢出效应文献发现，这些研究对于东道国技术进步或技术创新的测量大多是对技术进步结果的测量，例如全要素生产率、专利数量等。本文借鉴该测量方法，使用绿色管理绩效或绿色管理产出来测量绿色管理水平。

以往文献大多采用二氧化硫排放量作为绿色管理绩效的衡量指标（李斌 & 赵新华，2011），但二氧化硫仅仅是废气中的一种，其他废水、以及废气中的烟尘、粉尘等均未考虑在内。工业三废包括废水、废气、废物，多含有有毒害物质，若不经过妥善处理，未达到规定标准而排放到环境中，就会对环境产生污染，破坏生态平衡和自然资源。其中水资源是人类赖以生存的不可缺少的最重要的自然资源之一，社会经济发展使得水资源的重要性日益凸显。工业废水的处理和循环利用是我国近年来对企业的要求，我国历年的《环境统计年鉴》对废水排放、治理情况有详细的统计。所以本文用各行业工业企业废水达标量均值（PSW）来衡量各行业企业的绿色管理水平，具体算法为《中国环境统计年鉴》中就各行业工业企业所排放废水达标总量（万吨）除以企业个数（个），如表 7 - 2 所示。工业废水达标量均值越高，标志着企业对环境污染更为重视，说明该行业企业绿色管理程度较高，反之则较低。

表 7 - 2　各变量说明

变量类型	变量代码	变量定义	计算方法
因变量	PSW	绿色管理水平	单个企业工业废水排放达标量（万吨）
自变量	HS	水平溢出效应	$HS_{it} = \dfrac{FOR_{it}}{Y_{it}}$
	BS	后向溢出效应	$BS_{it} = \sum\limits_{m,m \neq i} \alpha_{im} \times \dfrac{FOR_{it}}{Y_{it}}$
	FS	前向溢出效应	$FS_{it} = \sum\limits_{k,k \neq i} \beta_{ki} \times \dfrac{FOR_{kt}}{Y_{kt}}$
调节变量	PIA	绿色管理吸收能力	单位企业废水治理设施处理能力（万吨/日）
	WASTE	行业污染水平	行业废水排放总量（万吨）LN 值
	INDC	行业竞争强度	行业利润率（%）
控制变量	GDP	行业规模	各行业当年国内生产总值（万元）LN 值

另外，本文在进行稳健性检验时，使用工业二氧化硫（SO_2）达标量均值（吨）指标来代替工业废水达标量均值进行模型检验，进一步保证了测量指标全面性和研究结论普适性。

7.3.2　自变量：关联度

1. 水平关联度

HS 为对外直接投资的水平关联度，反映跨国公司和本土其他同行竞争企业之间的关联程度。在已有文献中对于用什么变量来确切反映外商直接投资参与度存在一定的争论，通常普遍采用的是"外资企业销售额""外资企业资产""外资企业员工数"的比重等（魏彦莉，2009）。因为本文研究的是绿色管理溢出效应，而企业一般管理决策行为涉及到资产比例大小所决定的控制权，所以运用外资企业资产相比销售额和员工数等更符合实际情况。具体数据来自《中国工业经济统计年鉴》中《按行业分组的大中型工业企业主要经济指标统计》所有者权益一列，港澳台资本加上外商资本除以所有者权益合计（Y）。计算公式为：

$$HS_{it} = \frac{FOR_{it}}{Y_{it}}, \text{其中} i \text{为第} i \text{个行业}, t \text{为第} t \text{年} \qquad \text{式}(6.1)$$

2. 后向、前向关联度

在研究对外直接投资技术溢出效应时，国内有一些文献对外资的后向、前向关联度进行了计算（靳娜，2011；孙少勤、邱斌，2011），本文借鉴孙少勤和邱斌（2011）的计算方法。

按照 Blalock（2001）的定义，后向关联是衡量外商直接投资对上游行业中的本土企业的关联程度，变量计算方法如下：

$$BS_{it} = \sum_{m,m \neq i} \alpha_{im} \times \frac{FOR_{it}}{Y_{it}}, \text{其中} i \text{为第} i \text{个行业}, t \text{为第} t \text{年} \quad \text{式}(6.2)$$

其中 $\alpha_{ij}(i,j=1,2,\cdots,n)$ 表示第 i 个行业投入第 j 个行业的总产出比重，称为直接消耗系数。该数据可以由《2007 中国投入产出表》的直接消耗系数表行向量获得。由于编制投入产出表需要消耗大量的人力物力，我国每隔 5 年发布一次 42 部门的投入产出表，本文选取 2007 年为最接近样本年份投入产出表。因为本文已经使用 HS 衡量水平关联，即产业内关联，所以在投入产出表行向量中剔除对角线上元素以避免重复计算。BS 值越大，表示通过跨国公司和本土企业的后向关联程度越大。

前向关联度是衡量外商直接投资对上游行业中的本土企业的关联程度，本文用分配系数计算变量，同样不考虑水平关联，将对角线上元素剔除，计算前向关联度 FS 为：

$$FS_{it} = \sum_{k,k \neq i} \beta_{ki} \times \frac{FOR_{kt}}{Y_{kt}}, \text{其中} i \text{为第} i \text{个行业}, t \text{为第} t \text{年} \quad \text{式}(6.3)$$

其中 $\beta_{ij}(i,j=1,2,\cdots,n)$ 表示第 i 个行业产出所分配到 j 行业的比重，称为直接分配系数，该系数可以通过对《2007 中国投入产出表》的直接消耗系数表列向量获得。

7.3.3　调节变量

1. 绿色管理吸收能力

按照第 4 章所述，绿色管理吸收能力分为三个层次，接触先进绿色管理的机会，吸收先进绿色管理的资源和能力，以及保障绿色管理实施的政策。本研究考察第二个层次的吸收能力，即企业吸收先进绿色管理的资源和能力对溢出效应的调节作用。选用单位企业废水治理设施处理能力（万吨/日）来衡量这一指标，数据来源于历年的《中国环境统计年鉴》。

废水治理是为使污水达到排水某一水体或再次使用的水质要求，并对其进行净化的过程，许多污染严重企业配备了废水处理设施以控制污染的排放。虽然在具体管理过程中，有些企业废水处理设施利用率低，或者建成后并没有正常发挥效用，但这一指标综合反映了企业目前实施绿色管理的资源和能力。若废水处理能力较大，则认为企业拥有更多实施绿色管理的资源和能力，进而拥有更多吸收外部先进绿色管理的能力，反之则吸收能力较弱。

2. 行业竞争强度

一般认为，如果市场竞争强度越高，则技术溢出效应就越明显。根据理论模型，本文研究市场竞争强度对绿色管理溢出效应的调节作用。已有文献多采用赫尔芬达指数（Herfindahl）来衡量某一行业的垄断程度，但在全国范围内较难获取这一指标。另外产业组织理论表明，行业利润率与市场竞争强度密切相关（沈坤荣、孙文杰，2009），本文选用该指标（IN-DC）来测量市场竞争强度，具体算法为该行业主营业务利润除以该行业的主营业务收入，数据来自各年份的《中国工业经济统计年鉴》。如果该行业利润率越低，则说明该行业市场竞争强度越高，若行业利润率越高，则竞争强度越低。为了使得统计结果更加直观，本文在回归估计中对行业利润率取其负值，这样若该值越高，则说明该行业市场竞争强度越高，反之则越低。

3. 行业污染水平

为了督促重污染行业上市企业认真执行国家环境保护法律、法规和政策，避免上市企业因环境污染问题带来投资风险，国家环保总局的文件将冶金、化工、石化、煤炭、火电、建材、造纸、酿造、制药、发酵、纺织、制革和采矿业等13类子行业暂定重污染行业。但是，如果运用哑变量衡量行业污染程度，则会损失许多行业间差异信息。并且，环保总局的文件不具有时间序列性，无法反映出各行业污染的年度变化情况。所以，本文选用行业废水排放总量（万吨）的对数值（WASTE）来衡量行业的污染水平，该指标既有横截面数据，也有连贯的时间序列性。若该行业废水排放量大，则认为污染较为严重，反之则污染较轻，数据来自各年份的《中国环境统计年鉴》。

7.3.4 控制变量

行业规模可能对企业废水排放量以及达标量产生一定的影响，本文运用该行业历年国民生产总值的对数值（GDP）来衡量行业规模，数据来自于历年的《中国统计年鉴》。

7.4 样本描述性统计

7.4.1 总体样本描述性统计

表 7-3 为总体样本的描述性统计，企业废水达标量均值为 21.06 万吨，最大值为 104.77 万吨，标准差为 19.94，说明各行业之间废水达标量差异很大。水平溢出效应的均值为 0.15，标准差为 0.11，说明 2005～2010 年间外商资本在我国总资本量中占比的均值为 15%。其中水平关联度的最大值为 0.47，为通信设备、计算机及其他电子设备制造业，说明该行业同外商资本的水平关联度最高。后向关联的均值为 0.06，标准差为 0.07，前向关联均值仅为 0.04，标准差为 0.03。这表明我国外商资本同当地上游企业的关联度要高于同下游企业的关联度，在全球生产网络中外商资本更多地将上游制造部分投资到我国，这与我国目前还处于上游世界制造工厂的现状相吻合。另外后向关联最大值为 0.27，为金属冶炼及延压加工业。前向关联最大值为 0.18，行业为仪器仪表及文化办公用机械制造业。

对于调节和控制变量，企业废水处理能力均值为 0.25 万吨/日，其中废水处理能力最高的行业为石油和天然气开采业。行业竞争强度本文用利润率来测量，均值为 18%。其中利润率最低值为 1%，为化工行业，说明该行业竞争最为激烈；最大值为 58%，为石油和天然气开采业，说明该行业竞争最弱。行业总体污染情况为废水排放总量（万吨）的 LN 值，均值为 10.26，标准差为 1.67，最小值为 5.46，最大值为 12.99。行业总体规模为该行业 GDP 的 LN 值，均值为 8.57，标准差为 1.58，最小值为 3.75，最大值为 10.99。

表 7 - 3 总体样本描述性统计

变量	均值	标准差	最小值	最大值	样本量
PSW	21. 06	19. 94	0. 00	104. 77	N = 144
HS	0. 15	0. 11	0. 00	0. 47	N = 144
BS	0. 06	0. 07	0. 00	0. 27	N = 144
FS	0. 04	0. 03	0. 01	0. 18	N = 144
PIA	0. 25	0. 44	0. 00	2. 18	N = 144
INDC	0. 18	0. 10	0. 01	0. 58	N = 144
WASTE	10. 26	1. 67	5. 46	12. 99	N = 144
GDP	8. 57	1. 58	3. 75	10. 99	N = 144

7.4.2 绿色管理水平的描述性统计

图 7 - 1 为企业废水达标量均值在各年的变动情况，该值并不是按所预期的一直显著提高，相反，从 2005 年开始启用的达标量均值就逐年下降，2009年达到最低点，2010 年有所回升，但仍然没有达到 2005 年的达标水平。除了绿色管理水平确实有所下降以外，另外一个原因可能是由于我国经济发展水平加快，各行业相应的环保措施没有能够跟上，还停留在原来水平上，造成废水达标量相对值变低。本文在回归模型中加入了行业规模这个变量，以避免该原因对结果造成的干扰。

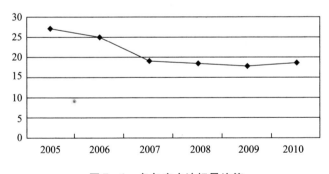

图 7 - 1 各年废水达标量均值

表 7 - 4 为废水达标量分行业各年变动情况，最后一栏为该行业的年平均值。行业年平均值表明，排放达标量最低的是水的生产和供应业（代码 24），均值为 0；其次为非金属矿物制品业（代码 12），均值为 2. 17；第三为废弃资源和废旧材料回收加工业（代码 21），均值为 3. 58；第四为工艺品及其他制

造业（代码20），均值为4.41；第五为木材加工及家具制造业（代码8），均值为4.46。

表7－4　行业废水达标量各年变动情况

行业代码	2005	2006	2007	2008	2009	2010	年均值
1	13.24	15.45	18.75	16.30	17.29	21.10	17.02
2	49.98	52.20	41.61	47.82	42.94	50.57	47.52
3	21.88	25.11	19.89	18.62	17.08	17.18	19.96
4	20.61	15.27	11.38	10.35	7.51	9.13	12.37
5	21.67	19.50	19.31	17.55	17.67	17.08	18.80
6	27.66	29.74	26.78	26.93	28.60	30.30	28.34
7	18.22	16.70	11.39	12.66	11.89	14.67	14.25
8	7.52	5.46	3.50	3.29	4.04	2.94	4.46
9	75.54	72.83	57.64	57.29	56.07	60.69	63.34
10	65.80	67.83	49.92	49.70	55.73	60.32	58.22
11	38.64	34.86	27.38	24.91	24.72	25.60	29.35
12	3.83	3.21	1.72	1.53	1.42	1.30	2.17
13	49.45	41.46	29.98	26.21	24.12	23.24	32.41
14	5.10	4.76	5.28	4.56	4.93	4.66	4.88
15	7.88	6.77	4.49	5.00	4.69	4.50	5.55
16	14.30	14.48	8.70	11.29	10.43	10.61	11.64
17	9.29	7.55	5.61	6.16	5.44	6.37	6.73
18	17.55	19.18	18.62	17.44	17.51	19.03	18.22
19	14.23	15.40	11.59	10.70	11.11	12.27	12.55
20	5.48	5.46	3.61	3.24	3.55	3.51	4.14
21	2.52	3.42	3.81	2.25	4.85	4.66	3.58
22	104.77	79.33	50.76	48.51	34.99	30.77	58.19
23	56.55	42.97	27.11	23.06	21.90	19.37	31.83
24	0.00	0.00	0.00	0.00	0.00	0.00	0.00

注：行业代码如表7－1中所示。

同时年平均值也表明，金属冶炼及压延加工业（代码13）、石油和天然气开采业（代码2）、电力、热力的生产和供应业（代码22）、石油加工、炼焦及核燃料加工业（代码10）、造纸印刷及文教体育用品制造业（代码9）为废水排放达标量较高的行业。除了企业绿色管理水平以外，影响企业废水达标比例的还有企业污染程度，例如污染程度较大的企业总体废水排放量也比较大，所以本文在回归模型中也控制了行业总体废水排放量对因变量的作用。

图7-2是废水达标量前五名行业的年度变动情况，基本和总体废水达标量保持一致，呈下降趋势。特别是电力、热力的生产和供应业，下降速度特别快，从2005年的103.77万吨，下降到2010年的30.77万吨。造纸印刷及文教体育用品制造业、石油加工、炼焦及核燃料加工业、石油和天然气开采业这三个行业趋势比较平稳，2005~2010年期间差异不大。金属冶炼及压延加工业的废水达标量也呈现下降趋势，从2005年的49.45万吨下降至2010年的23.24万吨。

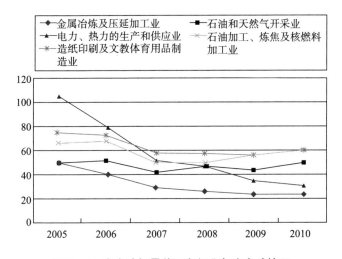

图7-2 废水达标量前五名行业年度变动情况

7.4.3 关联度的描述性统计

表7-5是各行业水平关联度的年度情况。按照均值来计算，水平关联度最低的5个行业为石油和天然气开采业（代码2）、煤炭开采和洗选业（代码1）、金属矿采选业（代码3）、电力、热力的生产和供应业（代码22）、非金属矿及其他矿采选业（代码4），这5个行业大多为传统资源型企业，同国外资本联系度比较低。

水平关联度最高的5个行业为通信设备、计算机及其他电子设备制造业（代码18），造纸印刷及文教体育用品制造业（代码9），纺织服装鞋帽皮革羽绒及其制品业（代码7），木材加工及家具制造业（代码8），仪器仪表及文化办公用机械制造业（代码19）。这5个行业特点并不一致，既有通信设备、计算机高科技行业，也有造纸、服装等污染程度比较高的行业。

表7-5 行业水平溢出各年变动情况

行业代码	2005	2006	2007	2008	2009	2010	年均值
1	0.001	0.006	0.005	0.005	0.004	0.005	0.004
2	0.007	0.006	0.006	0.000	0.001	0.001	0.003
3	0.001	0.001	0.011	0.010	0.012	0.005	0.007
4	0.020	0.015	0.034	0.030	0.026	0.017	0.024
5	0.129	0.123	0.118	0.113	0.105	0.097	0.114
6	0.197	0.196	0.197	0.200	0.180	0.175	0.191
7	0.322	0.360	0.318	0.299	0.271	0.219	0.298
8	0.307	0.285	0.274	0.259	0.261	0.220	0.268
9	0.315	0.302	0.295	0.302	0.298	0.276	0.298
10	0.025	0.026	0.032	0.044	0.039	0.032	0.033
11	0.140	0.151	0.159	0.153	0.152	0.148	0.150
12	0.158	0.153	0.166	0.158	0.141	0.126	0.150
13	0.050	0.050	0.047	0.046	0.044	0.046	0.047
14	0.246	0.236	0.248	0.214	0.205	0.182	0.222
15	0.162	0.163	0.149	0.152	0.145	0.121	0.149
16	0.141	0.158	0.159	0.157	0.140	0.126	0.147
17	0.227	0.236	0.236	0.214	0.198	0.160	0.212
18	0.437	0.441	0.471	0.454	0.417	0.325	0.424
19	0.316	0.294	0.271	0.246	0.229	0.184	0.257
20	0.270	0.265	0.228	0.268	0.213	0.164	0.235
21	0.022	0.118	0.104	0.074	0.031	0.088	0.073
22	0.025	0.020	0.019	0.025	0.021	0.020	0.022
23	0.031	0.064	0.145	0.128	0.126	0.118	0.102
24	0.023	0.085	0.088	0.086	0.078	0.072	0.072

注：行业代码如表7-1中所示。

图7-3为水平关联度前五名行业年度变化情况。和总体样本的水平关联度一致，这5个行业的水平关联度都呈现下降的趋势，说明外商资本在这些行业中占比处于下降的趋势。例如，水平关联度最高的通信设备、计算机及其他电子设备制造业2005年的水平关联度为0.437，到2010年该值仅

为 0.325。

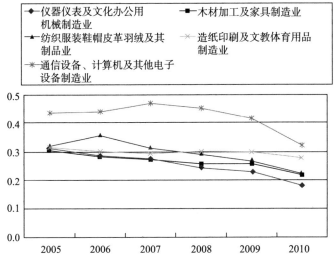

图7-3　水平关联度前五名行业年度变化情况

该结果与我国总体利用外资的情况是一致的，表7-6显示了我国逐年外资利用率的情况，从2000年以后我国外资利用率均有所下降，2000年占比为4.95%，而2010年仅为1.84%。这种情况出现的原因可能有两点：一是我国内资企业实力不断增强，企业规模不断扩大，使得外资在其中的相对比例有所下降；另一种可能的原因是随着我国产业结构的升级，劳动力成本有所上升，外资将边缘性产业转移到更为不发达的国家或地区。

表7-6　实际使用外资额逐年变化情况

年份	实际使用外资额 （亿元）	国内生产总值 （亿元）	实际使用外资额 /国内生产总值
2000	4913.73	99214.6	4.95%
2001	4111.35	109655.2	3.75%
2002	4553.26	120332.7	3.78%
2003	4646.71	135822.8	3.42%
2004	5303.11	159878.3	3.32%
2005	5226.71	184937.4	2.83%
2006	5347.16	216314.4	2.47%
2007	5956.90	265810.3	2.24%

年份	实际使用外资额（亿元）	国内生产总值（亿元）	实际使用外资额/国内生产总值
2008	6615.42	314045.4	2.11%
2009	6271.13	340902.8	1.84%
2010	7366.64	401202.0	1.84%

资料来源：《2010 中国统计年鉴》。

表 7-7 是各行业后向关联度的年度情况。按照均值来计算，后向关联度最低的 5 个行业为燃气生产和供应业（代码 23）、水的生产和供应业（代码 24）、仪器仪表及文化办公用机械制造业（代码 19）、金属矿采选业（代码 3）、工艺品及其他制造业（代码 20）。后向关联度最高的 5 个行业为电力、热力的生产和供应业（代码 22），通信设备、计算机及其他电子设备制造业（代码 18），纺织业（代码 6），化学工业（代码 11），金属冶炼及压延加工业（代码 13）。

表 7-7　行业后向关联各年变动情况

行业代码	2005	2006	2007	2008	2009	2010	年均值
1	0.025	0.027	0.032	0.032	0.030	0.027	0.029
2	0.037	0.054	0.099	0.096	0.092	0.083	0.077
3	0.011	0.011	0.011	0.010	0.010	0.010	0.010
4	0.015	0.015	0.016	0.015	0.014	0.012	0.014
5	0.032	0.034	0.032	0.031	0.028	0.024	0.030
6	0.142	0.153	0.136	0.133	0.119	0.096	0.130
7	0.022	0.022	0.022	0.022	0.020	0.018	0.021
8	0.024	0.024	0.024	0.024	0.021	0.018	0.022
9	0.038	0.038	0.037	0.036	0.033	0.028	0.035
10	0.035	0.037	0.040	0.038	0.036	0.032	0.036
11	0.261	0.263	0.259	0.253	0.233	0.200	0.245
12	0.039	0.039	0.038	0.037	0.034	0.028	0.036
13	0.271	0.272	0.270	0.254	0.234	0.198	0.250
14	0.079	0.080	0.079	0.077	0.071	0.059	0.074
15	0.075	0.076	0.079	0.074	0.069	0.059	0.072
16	0.021	0.022	0.023	0.022	0.021	0.018	0.021
17	0.058	0.057	0.056	0.054	0.050	0.042	0.053

续表

行业代码	2005	2006	2007	2008	2009	2010	年均值
18	0.106	0.101	0.095	0.087	0.081	0.066	0.089
19	0.010	0.011	0.011	0.011	0.010	0.009	0.010
20	0.014	0.014	0.014	0.013	0.012	0.010	0.013
21	0.030	0.029	0.029	0.029	0.028	0.025	0.028
22	0.079	0.091	0.096	0.092	0.086	0.076	0.087
23	0.002	0.003	0.003	0.003	0.002	0.002	0.003
24	0.004	0.004	0.004	0.004	0.004	0.003	0.004

注：行业代码如表7-1中所示。

图7-4显示后向关联度最高的5个行业年度变化情况。从趋势上看，这5个行业的后向关联度呈现下降的趋势，后向关联度比较高的金属冶炼及压延加工业和化学工业的下降趋势更为明显，关联度均从0.26左右下降到0.20左右。

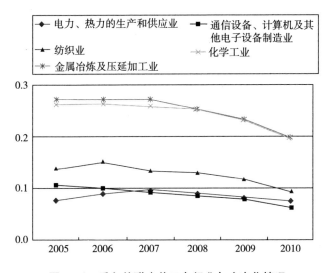

图7-4　后向关联度前五名行业年度变化情况

表7-8是各行业前向关联度的年度情况。按照均值来计算，前向关联度最低的5个行业为废弃资源和废旧材料回收加工业（代码21），石油加工、炼焦及核燃料加工业（代码10），食品制造及烟草加工业（代码5），燃气生产和供应业（代码23），化学工业（代码11）。

表7-8 行业前向关联各年变动情况

行业代码	2005	2006	2007	2008	2009	2010	年均值
1	0.038	0.038	0.037	0.036	0.034	0.030	0.036
2	0.035	0.035	0.034	0.034	0.032	0.028	0.033
3	0.043	0.043	0.043	0.043	0.041	0.036	0.042
4	0.047	0.049	0.050	0.049	0.046	0.042	0.047
5	0.016	0.016	0.016	0.016	0.016	0.014	0.016
6	0.032	0.034	0.034	0.033	0.032	0.029	0.032
7	0.089	0.089	0.089	0.090	0.082	0.079	0.086
8	0.041	0.042	0.042	0.041	0.039	0.035	0.040
9	0.051	0.057	0.057	0.054	0.049	0.048	0.053
10	0.015	0.014	0.014	0.011	0.011	0.009	0.012
11	0.022	0.022	0.022	0.022	0.020	0.018	0.021
12	0.042	0.044	0.045	0.044	0.041	0.038	0.042
13	0.020	0.024	0.025	0.024	0.021	0.020	0.022
14	0.049	0.050	0.048	0.047	0.044	0.042	0.047
15	0.059	0.061	0.061	0.058	0.054	0.048	0.057
16	0.059	0.059	0.058	0.056	0.053	0.046	0.055
17	0.083	0.085	0.086	0.082	0.077	0.069	0.080
18	0.035	0.036	0.036	0.034	0.032	0.029	0.034
19	0.170	0.172	0.181	0.173	0.161	0.131	0.165
20	0.080	0.081	0.081	0.078	0.074	0.068	0.077
21	0.005	0.005	0.006	0.006	0.005	0.005	0.005
22	0.027	0.028	0.028	0.026	0.024	0.020	0.025
23	0.019	0.019	0.019	0.015	0.015	0.013	0.017
24	0.031	0.031	0.031	0.031	0.029	0.026	0.030

注：行业代码如表7-1中所示。

前向关联度最高的5个行业为通用、专用设备制造业（代码15），工艺品及其他制造业（代码20），电气机械及器材制造业（代码17），纺织服装鞋帽皮革羽绒及其制品业（代码7），仪器仪表及文化办公用机械制造业（代码19）。

　　图 7 - 5 显示前向关联度最高的五个行业年度变化情况。除了仪表仪器及文化办公机械制造业以外，其余 4 个行业的变化不大，各年趋势比较平稳。而仪表仪器及文化办公机械制造业从 2007 年的最高点 0.18 下降至 2010 年的 0.13。

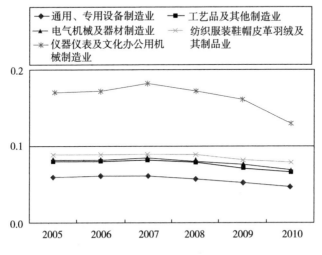

图 7 - 5　前向关联度前五名行业年度变化情况

　　接下来本文将后向关联及前向关联结合起来看，如表 7 - 9 所示。仪器仪表及文化办公用机械制造业（代码 19）、工艺品及其他制造业（代码 20）是后向关联度较低而前向关联度较高的两个行业，说明这两个行业的外商资本在我国和下游关联度较高，属于销售型行业。而化学工业（代码 19）属于后向关联较高而前向关联较低的行业，说明该行业外商资本和上游关联度较高，在我国属于生产型行业。

表 7 - 9　行业后、前向关联交叉情况

关联度	后向关联		前向关联	
	行业代码	年均值	行业代码	年均值
较低	23	0.003	21	0.005
	24	0.004	10	0.012
	3	0.01	5	0.016
	19	0.01	23	0.017
	20	0.013	11	0.021

关联度	后向关联		前向关联	
	行业代码	年均值	行业代码	年均值
较高	22	0.087	15	0.057
	18	0.089	20	0.077
	6	0.13	17	0.08
	11	0.245	7	0.086
	13	0.25	19	0.165

注：行业代码如表 7 – 1 中所示。

7.4.4 调节变量的描述性统计

本文用单位企业废水治理设施处理能力（万吨/日）来度量企业绿色管理水平，表 7 – 10 为分行业情况汇总。行业废水治理处理能力最低的 5 个行业为水的生产和供应业（代码 24）、废弃资源和废旧材料回收加工业（代码 21）、木材加工及家具制造业（代码 8）、非金属矿物制品业（代码 12）、电气机械及器材制造业（代码 17）。处理能力最高的 5 个行业为金属矿采选业（代码 3），造纸印刷及文教体育用品制造业（代码 9），电力、热力的生产和供应业（代码 22），金属冶炼及压延加工业（代码 13），石油和天然气开采业（代码 2）。

表 7 – 10 单位企业废水治理设施处理能力（万吨/日）的各行业情况

行业代码	2005	2006	2007	2008	2009	2010	年均值
1	0.125	0.460	0.145	0.143	0.173	0.302	0.225
2	1.962	2.180	1.741	1.595	1.571	1.712	1.794
3	0.287	0.330	0.301	0.321	0.304	0.456	0.333
4	0.210	0.117	0.117	0.103	0.216	0.107	0.145
5	0.130	0.129	0.108	0.102	0.101	0.104	0.112
6	0.118	0.147	0.114	0.135	0.134	0.136	0.130
7	0.090	0.085	0.052	0.060	0.060	0.075	0.070
8	0.054	0.021	0.014	0.012	0.014	0.011	0.021
9	0.421	0.432	0.325	0.347	0.364	0.408	0.383
10	0.205	0.247	0.215	0.295	0.276	0.312	0.258
11	0.312	0.324	0.278	0.221	0.213	0.226	0.262

续表

行业代码	2005	2006	2007	2008	2009	2010	年均值
12	0.033	0.028	0.015	0.015	0.016	0.018	0.021
13	1.348	1.405	1.417	1.550	1.480	1.560	1.460
14	0.023	0.026	0.041	0.023	0.025	0.029	0.028
15	0.058	0.028	0.024	0.016	0.025	0.049	0.033
16	0.039	0.046	0.027	0.032	0.032	0.036	0.035
17	0.031	0.027	0.030	0.023	0.024	0.026	0.027
18	0.069	0.092	0.081	0.088	0.095	0.109	0.089
19	0.060	0.064	0.052	0.044	0.048	0.049	0.053
20	0.026	0.022	0.142	0.012	0.014	0.016	0.039
21	0.011	0.016	0.013	0.016	0.043	0.022	0.020
22	0.533	0.525	0.403	0.349	0.363	0.291	0.410
23	0.104	0.174	0.079	0.073	0.052	0.057	0.090
24	0.000	0.000	0.000	0.000	0.000	0.000	0.000

注：行业代码如表7-1中所示。

图7-6显示了总体样本均值以及废水处理能力最高的5个行业年度变动情况。总体上，企业废水处理能力年度变动幅度不大，总体均值一直在0.25万吨/日上下。但废水处理能力最高的石油和天然气开采行业则变动幅度相对较大，2006年最高值为2.2万吨/日，2009年最低值为1.6万吨/日。

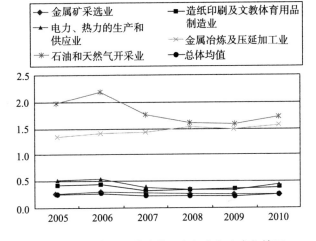

图7-6 废水处理能力前五名行业年度变化情况

本文用行业利润率来测量行业竞争程度，行业利润率越高意味着行业竞争程度越低，而利润率越低意味着竞争越激烈。表7－11为行业竞争程度情况。按年度均值计算，竞争程度最低的5个行业为食品制造及烟草加工业（代码5）、纺织业（代码6）、石油和天然气开采业（代码2）、非金属矿及其他矿采选业（代码4）、金属矿采选业（代码3）。相应的，竞争最为激烈的5个行业为化学工业（代码11）、燃气生产和供应业（代码23）、仪器仪表及文化办公用机械制造业（代码19）、金属制品业（代码14）、纺织服装鞋帽皮革羽绒及其制品业（代码7）。

表7－11 行业竞争强度情况

行业代码	2005	2006	2007	2008	2009	2010	年均值
1	0.162	0.163	0.169	0.156	0.163	0.168	0.163
2	0.334	0.314	0.329	0.346	0.294	0.310	0.321
3	0.584	0.578	0.519	0.549	0.397	0.463	0.515
4	0.355	0.343	0.356	0.347	0.262	0.265	0.321
5	0.347	0.300	0.295	0.298	0.251	0.251	0.290
6	0.308	0.305	0.302	0.287	0.287	0.283	0.295
7	0.104	0.105	0.114	0.114	0.113	0.121	0.112
8	0.148	0.153	0.156	0.162	0.169	0.181	0.161
9	0.143	0.153	0.156	0.149	0.153	0.160	0.152
10	0.151	0.158	0.166	0.145	0.159	0.158	0.156
11	0.044	0.035	0.079	0.006	0.213	0.181	0.093
12	0.189	0.176	0.190	0.175	0.187	0.191	0.185
13	0.166	0.172	0.190	0.186	0.181	0.190	0.181
14	0.116	0.125	0.130	0.099	0.087	0.091	0.108
15	0.139	0.134	0.134	0.135	0.153	0.154	0.142
16	0.167	0.168	0.181	0.170	0.171	0.182	0.173
17	0.143	0.155	0.165	0.155	0.167	0.172	0.160
18	0.154	0.150	0.154	0.164	0.171	0.167	0.160
19	0.094	0.097	0.101	0.103	0.103	0.108	0.101
20	0.127	0.132	0.136	0.142	0.164	0.164	0.144
21	0.145	0.146	0.149	0.141	0.133	0.133	0.141
22	0.119	0.106	0.088	0.142	0.114	0.103	0.112
23	0.111	0.119	0.126	0.070	0.079	0.082	0.098
24	0.083	0.101	0.138	0.135	0.166	0.202	0.138

注：行业代码如表7－1中所示。

　　行业污染程度所采用的指标是行业废水排放量的 LN 值，见表 7-12。污染最严重的 5 个行业依次为化学工业（代码 11）、造纸印刷及文教体育用品制造业（代码 9）、食品制造及烟草加工业（代码 5）、纺织业（代码 6）、电力、热力的生产和供应业（代码 22），这 5 个行业包含了在国家环保部公布的 13 个行业重污染子行业。

表 7-12　行业污染程度情况

行业代码	2005	2006	2007	2008	2009	2010	年均值
1	10.75	10.90	11.20	11.19	11.29	11.56	11.15
2	9.33	9.32	9.21	9.32	9.23	9.35	9.29
3	10.72	10.96	10.99	11.00	10.88	10.90	10.91
4	9.51	9.28	9.21	9.23	9.02	8.99	9.21
5	12.25	12.19	12.46	12.54	12.50	12.53	12.41
6	12.06	12.20	12.32	12.35	12.38	12.41	12.29
7	10.22	10.43	10.55	10.63	10.59	10.60	10.50
8	8.90	8.72	8.81	8.78	8.99	8.88	8.85
9	12.82	12.84	12.97	12.93	12.89	12.89	12.89
10	11.13	11.16	11.20	11.16	11.10	11.16	11.15
11	12.99	12.99	12.96	12.92	12.91	12.94	12.95
12	10.78	10.67	10.60	10.49	10.40	10.38	10.55
13	12.22	12.15	12.15	12.07	11.95	11.91	12.08
14	9.95	10.02	10.41	10.25	10.35	10.31	10.22
15	10.20	10.09	9.98	10.12	10.10	10.03	10.09
16	10.11	10.15	10.00	10.26	10.22	10.17	10.15
17	9.00	9.02	9.07	9.20	9.14	9.36	9.13
18	9.84	10.08	10.30	10.37	10.42	10.49	10.25
19	8.89	8.97	8.88	8.66	8.67	8.51	8.76
20	7.68	7.76	8.23	8.12	8.19	7.85	7.97
21	5.46	6.06	6.87	6.48	6.87	7.04	6.46
22	12.43	12.29	12.07	12.11	11.91	11.77	12.10
23	8.32	8.09	7.95	7.87	7.61	7.57	7.90
24	9.84	9.89	9.68	10.22	10.04	10.35	10.00

注：行业代码如表 7-1 中所示。

7.4.5　样本相关性分析

表 7－13 为本文研究变量之间的 Pearson 相关系数矩阵。结果显示，除了行业竞争强度以外，企业绿色管理水平和其他变量之间均存在显著相关关系：和水平关联、前向关联存在显著负相关，和后向关联存在显著正相关；和绿色管理吸收能力也存在显著正相关关系；和行业污染程度以及行业规模存在正相关关系。

表 7－13　变量 Pearson 相关系数矩阵

Pearson 相关性	PSW	HS	BS	FS	PIA	INDC	WASTE
PSW							
HS	− 0. 21 *						
BS	0. 26 **	− 0. 03					
FS	− 0. 26 **	0. 46 **	− 0. 27 **				
PIA	0. 50 **	− 0. 39 **	0. 46 **	− 0. 21 *			
INDC	0. 05	− 0. 37 **	− 0. 11	− 0. 17 *	0. 28 **		
WASTE	0. 50 **	− 0. 05	0. 52 **	− 0. 23 *	0. 21 *	0. 14	
GDP	0. 29 **	0. 15	0. 53 **	− 0. 03	0. 27 **	− 0. 07	0. 67 *

注：* 表明在 0.05 的水平上显著相关，** 表明在 0.01 的水平上显著相关。

水平关联度与其他调节变量也存在一定相关关系，同吸收能力、行业竞争程度负相关。而后向关联程度同吸收能力、行业污染程度以及行业规模之间存在正相关关系。前向关联程度正好相反，和吸收能力、行业竞争强度、污染水平之间存在负相关关系。

7.5　面板数据的平稳性检验

7.5.1　单位根检验

由于模型中的变量均为时间序列数据，对于时间序列数据的分析是以平稳性为前提的。一些非平稳的时间序列往往会表现出共同变化趋势，而这些变量间本身并不一定有真正的关联。对于这些数据模型检验，虽然具有很高统计指标，但其结果是没有任何意义的，这种情况通常称为伪回归（spurious regression）。所以本文对各变量的时间序列数据先检验其平稳性，检验平稳性最常用的方法是单位根（unit root）检验。面板数据的单位根检验方法有许多，本文选择 LLC、ADF 和 PP 这3种方法进行计算，以保证计算方法的可靠性。LLC 方法的零假设认为存在同质的单位根，后两种方法零假设认为存在异质单位根。

单位根检验结果如表7－14所示，可以发现在1%的显著水平下 PSW、BS、FS、PIA 的水平序列是不存在单位根的，而其他变量是存在单位根的，所以对所有变量进行一阶差分，见表7－15。结果显示所有变量的一阶差分都是平稳的，为一阶单整 I（1），可以进行协整检验，以考察变量间长期均衡关系。

表7－14 变量单位根检验

水平统计量	LLC		ADF		PP		结论
	t	$p > t$	chi^2	$p > chi^2$	chi^2	$p > chi^2$	
PSW	−6.59	0.000	85.86	0.001	80.94	0.002	平稳
HS	−0.52	0.303	53.13	0.283	74.36	0.009	非平稳
BS	−9.86	0.000	114.53	0.000	112.33	0.000	平稳
FS	−10.72	0.000	132.84	0.000	145.95	0.000	平稳
PIA	−65.87	0.000	178.92	0.000	177.96	0.000	平稳
INDC	−0.75	0.228	28.25	0.990	22.86	0.999	非平稳
WASTE	−2.11	0.018	34.48	0.929	34.46	0.929	非平稳
GDP	−0.95	0.172	31.24	0.971	29.56	0.983	非平稳

表7－15 变量一阶差分单位根检验

一阶差分统计量	LLC		AD Fisher		Hadrilm		结论
	t	$p > t$	chi^2	$p > chi^2$	z	$p > z$	
PSW	−17.07	0.000	185.72	0.000	190.96	0.000	平稳
HS	−6.41	0.000	109.43	0.000	109.67	0.000	平稳
BS	−15.22	0.000	199.82	0.000	199.82	0.000	平稳
FS	−11.93	0.000	182.62	0.000	203.26	0.000	平稳
PIA	−96.71	0.000	270.15	0.000	263.41	0.000	平稳
INDC	−15.88	0.000	203.06	0.000	218.55	0.000	平稳
WASTE	−21.01	0.000	261.92	0.000	289.73	0.000	平稳
GDP	−19.94	0.000	101.97	0.000	150.50	0.000	平稳

7.5.2　协整分析

协整分析是检验两个或多个非平稳变量序列的某些线性组合序列是否呈平稳性。面板数据的协整方法主要有两类，一类是 Pedroni 检验和 Kao 检验，是基于回归残差来构建统计量；另一类则是由 Larsson 等发展了基于 Johansen 向量自回归似然检验的面板协整检验方法。本文采用 Kao 检验进行面板数据协整分析，表 7 - 16 的结果表明在 1% 的显著水平上拒接零假设，研究变量之间存在长期均衡关系，即协整关系，所以可以进行接下来的计量分析。

表 7 - 16　变量的 Kao 协整检验

检验方法	检验假设	统计量	t 值	p 值
Kao 检验	H_0：不存在协整关系	ADF	- 3.424	0.000

7.6　静态面板数据分析

7.6.1　静态面板数据模型分析

面板数据从 20 世纪 50 年代开始运用于经济管理问题。早期经典的计量经济学模型中，主要使用截面数据和时间序列数据，这两种数据模型对于解决跨截面，例如跨地区、跨行业的研究而言，已经无法满足研究需要。面板数据综合了截面和时间序列两方面的信息，可以了解数据集中在多个截面的关系，以及同个截面随时间变化的关系，因而成为近几十年来计量经济学的主流方法之一，具有很好的运用价值。

静态面板数据模型的一般形式为：

$$y_{it} = X'_{it}\beta + \gamma_i + \varepsilon_{it}$$

其中 β 是 $k \times 1$ 向量，X_{it} 和 y_{it} 分别为自变量和因变量，$i = 1, 2, \cdots, N$ 为面板数据的截面变量，$t = 1, 2, \cdots, T$ 为面板数据的时间变量。随机误差项由两部分组成，γ_i 为具有时间不变性的不可观察的截面个体效应，ε_{it} 为模型的随机扰动项。

根据研究适用范围差异，静态面板数据可以分为混合回归模型、固定效应模型以及随机效应模型三类。如果面板数据模型在时间和截面上均不存在显著差异，这种情况将模型设定为混合回归模型（pooled regression model），可以运用线性回归对总体样本进行估计。如果将模型中 γ_i 视作和自变量 X_{it} 相关的，但观察不到的随机变量，这个变量称为固定效应，对应的估计模型称为固定效应模型（fixed effect）。如果个体效应 γ_i 是一个与自变量 X_{it} 独立的随机变量，这类模型则称为随机效应模型（random effect）。本文首先对假设1、假设2和假设3进行验证，溢出效应的直接作用进行这三种模型的回归，接下来通过 F 检验、LM 检验和 Hausman 检验进行模型选择，最终确定适合的静态面板数据模型。

表 7 – 17 为静态面板数据的分析结果，三个模型分别为混合面板数据（Pooled）、固定效应模型（FE）和随机效应模型（RE）。混合面板数据模型的 Wald 检验统计量为 9.11，并在 1% 的水平下显著，说明模型有效。在该模型中前向溢出效应对企业绿色管理水平存在显著负作用（$p < 0.01$），绿色管理吸收能力则对绿色管理水平有显著正向影响（$p < 0.01$），其他变量的作用则不明显。

表 7 – 17　静态面板数据分析

自变量	因变量 PSW					
	Pooled		FE		RE	
	β	t	β	t	β	z
HS	7.67	(0.48)	−65.50**	(−2.25)	−25.15	(−1.07)
BS	−24.93	(−0.92)	196.78***	(2.95)	68.58	(1.63)
FS	−125.79**	(−2.40)	277.00*	(1.73)	82.44	(0.83)
PIA	23.83***	(5.65)	44.83***	(4.21)	24.46***	(3.72)
INDC	19.78	(1.23)	−30.96	(−1.34)	−6.93	(−0.34)
LNWASTE	0.85	(0.74)	−0.08	(−0.13)	−0.11	(−0.19)
LNGDP	1.50	(1.22)	0.29	(0.41)	0.10	(0.14)
Constant	3.07	(0.29)	−11.81	(−1.07)	9.94	(1.05)
样本量	N = 144		N = 144		N = 144	
R^2	0.319		0.180		0.211	
Wald 检验	9.11(0.000)		3.89(0.000)		21.60(0.003)	
LM 检验	200.76(0.000)					
F 检验			28.70(0.001)			
Hausman 检验					17.34(0.0153)	

注：***、**、* 分别表示在 1%、5%、10% 的水平上显著。Wald 检验、F 检验、LM 检验和 Hausman 检验表格中为对应的检验统计量，括号中为相应的 p 值。

固定效应模型的 *Wald* 检验统计量为 3.89，并在 1% 的水平下显著，说明模型有效。在该模型中，水平溢出效应对绿色管理存在显著负向作用（$p < 0.05$）。后向溢出效应为正，并在 $p < 0.05$ 上显著。和混合面板数据模型相反的是，前向溢出效应呈现出正的影响，但是显著性较弱（$p < 0.1$）。同样，绿色管理吸收能力对绿色管理水平有正向影响（$p < 0.01$）。

随机效应模型的 *Wald* 检验统计量为 21.33，并在 1% 的水平下显著，说明模型有效。该模型中溢出效应对绿色管理均没有显著的影响，仅有吸收能力对绿色管理水平存在显著正向影响（$p < 0.01$）。

7.6.2 多重共线性检验

多重共线性检验（multicollinearity）是为了检验模型中由于自变量之间高度相关关系而使模型失真或难以准确估计。由于面板数据分析方法中并没有相应的检验方法，本文计算了混合面板数据中变量的方程膨胀因子（variance inflation factor，VIF），来检验各变量之间是否存在共线性。

表 7 - 18　共线性检验

变量	VIF	1/VIF
HS	1.66	0.603
BS	1.60	0.625
FS	1.49	0.672
PIA	1.73	0.578
INDC	1.30	0.770
WASTE	1.86	0.536
GDP	1.88	0.532
VIF 均值	1.65	

表 7 - 18 的结果表明，各变量之间 VIF 最大值为 1.88，容忍度（1/VIF）值为 0.532，远远低于通常要求的 VIF 值低于 10，所以认为研究变量之间不存在多重共线性问题。

7.6.3 模型的选择：F 检验、LM 检验和 Hausman 检验

1. 混合回归模型对随机效应模型

Breush 和 Pagan（1980）推导了一个拉格朗日乘数检验（LM 检验），零假设误差是独立同分布的，备选假设是存在个体随机效应，拒绝零假设则说明随机效应优于混合回归模型。表 7 – 17 中 LM 统计量值为 200.76，在 1% 的水平上显著，所以认为随机效应模型优于混合回归模型。

2. 混合回归模型对固定效应模型

运用 F 统计量来检验混合回归模型和固定效应模型之间的优劣。零假设认为个体间不存在显著差异，本文中 F 统计量值为 28.70，$p < 0.01$，所以拒绝零假设，认为固定效应模型优于混合回归模型。

3. 固定效应模型对随机效应模型

固定效应模型与随机效应模型的区别在于对个体效应的处理方法，通常认为，如果样本取自于较小母体，固定效应模型比较合适，反之则采用随机效应模型。本文所选用的工业行业研究样本，工业行业占我国国民生产总值比较大的比重，母体相对于样本量是比较小的，因而固定效应模型比较合适。

也可以运用 Hausman 检验在两者之间进行选择，零假设是随机效应成立。表 7 – 17 中 Hausman 统计量值为 17.34，在 $p < 0.05$ 的水平上拒绝原假设，认为固定效应模型优于随机效应模型。

7.6.4 静态面板数据分析结论

根据前一节的分析结果，对于本研究的变量固定面板数据模型最合适。对于假设 1，结果表明水平溢出效应对绿色管理产生显著负相关作用，假设 1 并没有得到支持。假设 2，结果表明后向溢出存在显著正向影响，假设 2 得到支持。假设 3，结果表明前向溢出存在显著正向影响，假设 3 得到支持。

但是实证结果也表明混合回归模型和固定效应模型之间有一定矛盾，虽然检验表明固定效应模型最适合本研究，但可能存在遗漏变量问题，或者自变量有滞后影响，例如企业内部对溢出效应可能存在消化、吸收的过程。所以接下来本文考虑动态面板数据检验假设 1、假设 2 和假设 3。

7.7 动态面板数据分析

7.7.1 动态面板数据模型分析

和截面数据相比，面板数据的一大优势就是可以很好地研究一些动态行为，本文运用差分广义矩估计方法（DIF-GMM）和系统广义矩估计方法（SYS-GMM）对假设 1、假设 2 和假设 3 进行验证。同时，在动态面板数据中，可能溢出效应对绿色管理存在滞后影响，本文加入了主效应滞后一期的作用，因为滞后两期已经均不显著，所以滞后两期的作用没有纳入模型中。另外，通常动态面板数据模型的两步估计优于一步估计（艾春荣、汪伟，2008），因此本文在回归中使用两步估计。

表 7-19 是动态面板数据回归结果，差分和系统广义矩估计方法都显示 Wald 统计量显著，说明两模型均有效。两种估计方法均表明滞后一期的企业绿色管理水平对当期存在显著正向作用（$p < 0.01$），说明企业绿色管理存在一定的惯性。差分广义矩估计方法显示水平溢出效应不论是当期还是滞后一期，对绿色管理水平均没有显著影响。系统广义矩估计则显示水平溢出效应在滞后一期，会对本土企业产生显著正向作用（$p < 0.05$）。对于后向溢出效应，两种估计结果均显示当期作用显著为负（$p < 0.01$），而滞后一期则存在显著正向作用（$p < 0.01$）。对于前向溢出效应两种估计方法结论并不一致，差分广义矩估计显示滞后一期的前向溢出效应存在显著负向影响（$p < 0.01$），而当期作用并不明显。系统广义矩估计则显示前向溢出效应的当期作用为负（$p < 0.01$），而滞后一期则有正向影响，但显著性较弱（$p < 0.1$）。

表 7-19　动态面板数据分析

自变量	因变量 PSW			
	DIF-GMM		SYS-GMM	
	β	z	β	z
Lag. *PSW*	0.70 ***	(17.37)	0.71 ***	(29.21)
HS	0.78	(0.05)	0.32	(0.04)
Lag. *HS*	−2.49	(−0.19)	28.86 **	(2.39)
BS	−144.43 ***	(−4.38)	−153.75 ***	(−3.45)
Lag. *BS*	212.34 ***	(5.45)	164.25 ***	(3.15)

续表

自变量	因变量 PSW			
	DIF-GMM		SYS-GMM	
	β	z	β	z
FS	35.12	(0.83)	− 195.67 ***	(− 4.87)
Lag. FS	− 401.32 ***	(− 3.53)	139.89 ∗	(1.75)
PIA	7.43	(1.59)	8.60 ***	(3.74)
INDC	− 6.85	(− 0.95)	− 25.39 **	(− 1.96)
WASTE	− 0.72 ***	(− 4.07)	− 1.03 ***	(− 6.13)
GDP	0.96 ***	(5.19)	1.25 ***	(6.55)
constant	12.21 ***	(3.40)	− 6.01	(− 1.45)
样本量	N = 144		N = 144	
Wald 检验	18388.62 (0.000)		78375.06 (0.000)	
AR（1）检验	− 2.52 (0.012)		− 2.75 (0.006)	
AR（2）检验	0.99 (0.325)		1.10 (0.273)	
Sargan 检验	14.99 (0.091)		17.99 (0.158)	

注：Lag.（）表示变量的一阶滞后项。***、**、* 分别表示在 1%、5%、10% 的水平上显著。Wald 检验、Sargan 检验、AR（1）检验和 AR（2）检验表格中为对应的检验统计量，括号中为相应的 p 值。

对于调节变量和控制变量的结果显示，企业绿色管理吸收能力存在显著正向作用，系统广义矩估计的 p 值小于 0.01。行业竞争强度并没有促进企业的绿色管理。行业污染程度也存在负向作用，$p < 0.01$。行业规模对绿色管理存在显著正向影响，$p < 0.01$。

7.7.2　序列相关性：Abond 检验

动态面板数据模型估计一致性的重要前提是，允许一阶序列相关，而差分扰动项不存在二阶序列相关。本文运用 Abond 检验序列相关性，原假设是差分扰动项不存在序列相关性，不论一阶统计量 AR（1）如何，只要相应的 AR（2）统计量足够小，对应的 p 值较大，通常若 p 值大于 10%，则通过 Abond 检验。

表 7 – 19 中的结果显示，差分动态面板数据模型的 Abond 检验二阶统计量 AR（2）值为 0.99，对应的 p 值为 0.325 > 0.1。系统动态面板数据模型的 Abond 检验二阶统计量 AR（2）值为 1.10，对应的 p 值为 0.273 > 0.1。说明

两种估计均通过 Abond 检验。

7.7.3　工具变量的有效性：Sargan 检验

在运用动态面板数据的研究中，有时选择工具变量有些任意，使得矩条件可能会被过度约束，因此验证矩条件有效性很重要，本文运用 Sargan 统计量检验工具变量整体有效性。Sargan 检验的零假设是：工具变量和误差项无相关性，如果该统计量较小，对应的 p 值较大，则不能拒绝零假设，说明工具变量是合适的（Arellano & Bover，1995；Blundell & Bond，1997）。通常若 p 值大于 10%，则认为模型通过 Sargan 检验。

表 7 – 19 中列出了 Sargan 检验结果，差分动态面板数据模型的 Sargan 值为 14.99，对应的 p 值为 0.091 < 0.1，系统面板数据模型为 17.99，对应的 p 值为 0.158 > 0.1。说明对本文的研究，系统面板数据模型更为有效。

7.7.4　动态面板数据分析结论

相比静态，动态面板数据模型更能反映变量之间的动态特征，引入了因变量的滞后一期作为工具变量则克服了变量遗漏等问题，实证分析显示出更多有意义的结论。

Sargan 检验显示差分广义矩估计的有效性不强，本文采用系统广义矩估计的结果。水平溢出效应对绿色管理会产生正向影响，特别是滞后一期的作用，由此假设 1 得到了支持。对于假设 2，动态面板数据则比静态模型显示了更为丰富的结论，后向溢出效应当期对绿色管理有显著负向作用，而滞后一期则有显著正向影响。这说明后向溢出效应存在一定的滞后性，本土企业可能在一定时期以后才会对这种溢出效应做出相应的反应，假设 2 得到支持。假设 3 分析了前向溢出效应，和后向溢出效应结论一致，当期作用并不明显，而滞后一期则有显著正向影响，假设 3 得到支持。

7.8　调节效应分析

7.8.1　行业绿色管理吸收能力调节效应分析

假设 4、假设 5 和假设 6 是对绿色管理吸收能力调节效应的分析，表 7 – 20 运用动态面板数据模型检验了该效应。其中 $PIA \times HS$、$PIA \times BS$ 和 $PIA \times FS$ 分别对应于吸收能力在水平溢出效应、后向溢出效应和前向溢出效应中的调节作用。

表 7 - 20　吸收能力的调节作用

自变量	因变量 PSW					
	β	z	β	z	β	z
Lag. *PSW*	0.70 ***	37.22	0.62 ***	35.29	0.68 ***	35.33
HS			1.83	0.21	-7.03	-0.71
Lag. *HS*			26.99 **	2.16	18.96	1.31
BS	-132.49 ***	-7.95			-179.48 ***	-5.47
Lag. *BS*	123.38 ***	8.12			200.33 ***	5.41
FS	-122.04 ***	-2.94	-221.93 ***	-4.06		
Lag. *FS*	85.54	1.03	19.37	0.26		
PIA	7.06 ***	4.73	13.65 ***	13.66	8.09 ***	5.04
INDC	27.14 ***	2.62	36.19 ***	3.13	24.56 ***	3.16
WASTE	-1.28 ***	-9.29	-0.73 ***	-5.90	-1.04 ***	-6.09
GDP	1.47 ***	7.3	1.11 ***	6.84	1.24 ***	7.18
PIA × *HS*	0.61 ***	2.74				
PIA × *BS*			2.51 ***	5.80		
PIA × *FS*					0.05	0.15
constant	-0.08	-0.03	-1.89	-0.47	-5.18 **	-2.16
样本量	N = 144		N = 144		N = 144	
Wald 检验	3.98e + 06 (0.000)		176000.61 (0.000)		329480.29 (0.000)	
AR (1) 检验	-2.87 (0.004)		-2.63 (0.008)		-2.71 (0.007)	
AR (2) 检验	1.20 (0.231)		1.27 (0.203)		1.05 (0.293)	
Sargan 检验	17.87 (0.162)		20.26 (0.089)		18.42 (0.142)	

注：Lag. ( ) 表示变量的一阶滞后项。***、**、*分别表示在1%、5%、10%的水平上显著。Wald检验、Sargan 检验、AR (1) 检验和 AR (2) 检验表格中为对应的检验统计量，括号中为相应的 p 值。

回归结果表明，吸收能力对于水平溢出效应和绿色管理之间的关系存在显著正向调节作用，$p < 0.05$。说明企业吸收能力越高，则水平效应对绿色管理的正向作用就越显著，反之正向作用就越弱，假设4得到证实。同样，吸收能力对后向溢出效应和绿色管理的关系也存在正向调节作用，$p < 0.01$，假设5得到证实。但吸收能力对前向溢出的调节作用虽然为正，但不显著，$p > 0.1$，假设6未能得到证实。

三个模型的 AR (2) 统计量的 p 值均大于0.1，说明不存在二阶序列自相关问题。对应的 Sargan 检验显示，对水平和前向调节作用的模型 p 值均大于 0.1，通过了 Sargan 检验。但对于后向溢出效应的调节作用，Sargan 检验的 p 值为 0.089，说明工具变量存在一定的问题。所以，本文对吸收能力在后向溢出效应和绿色管理水平之间的调节效应，运用了静态面板数据的固定效应模型进行了检验（表 7-21）。结果和动态面板数据一致，即吸收能力对后向溢出效应也存在显著正向调节作用，$p < 0.01$。

表 7-21　吸收能力对后向溢出效应的调节作用

自变量	因变量 PSW	
	β	z
HS	−53.58*	−1.84
BS		
FS	285.47*	1.77
PIA	31.02***	3.15
INDC	−12.75	−0.57
WASTE	−0.37	−0.63
GDP	0.11	0.16
PIA × HS		
PIA × BS	1.09***	2.66
PIA × FS		
constant	8.30	0.82
样本量	N = 144	
R²	0.115	
Wald 检验	3.63（0.002）	

注：***、**、*分别表示在1%、5%、10%的水平上显著。Wald 检验表格中为对应的检验统计量，括号中为相应的 p 值。

7.8.2　行业竞争强度调节效应分析

假设 7、假设 8 和假设 9 是对行业竞争强度调节效应的分析，表 7-22 运用动态面板数据模型检验了该效应。其中 *INDC × HS*、*INDC × BS* 和 *INDC × FS* 分别对应于行业竞争强度在水平溢出效应、后向溢出效应和前向溢出效应中的调节作用。

表7-22 行业竞争强度的调节作用

自变量	因变量 PSW					
	β	z	β	z	β	z
Lag. *PSW*	0.67***	34.34	0.63***	46.57	0.68***	40.14
HS			-6.81	-0.75	-3.53	-0.42
Lag. *HS*			18.31	1.44	16.43	1.25
BS	-133.29***	-6.86			-176.67***	-5.39
Lag. *BS*	141.58***	7.22			196.36***	5.23
FS	-123.88***	-3.09	-151.95***	-4.66		
Lag. *FS*	122.90*	1.71	13.92	0.21		
PIA	7.42***	4.87	12.06***	8.85	7.99***	5.38
INDC	19.93***	2.70	21.26*	1.66	26.19***	3.33
WASTE	-1.14***	-9.23	-1.08***	-9.52	-0.86***	-3.88
GDP	1.23***	8.81	1.27***	8.92	1.07***	4.82
INDC × HS	-0.20	-0.83				
INDC × BS			-0.14	-1.42		
INDC × FS					-0.61	-1.54
constant	-0.73	-0.23	3.15	0.89	-6.06**	-2.24
样本量	N = 144		N = 144		N = 144	
Wald 检验	1.07e+06(0.000)		260570.65(0.000)		1.03e+06(0.000)	
AR (1) 检验	-2.92(0.003)		-2.70(0.006)		-2.63(0.009)	
AR (2) 检验	1.17 (0.242)		1.37(0.170)		0.93(0.355)	
Sargan 检验	18.28(0.147)		17.81(0.165)		15.86(0.257)	

注：Lag.() 表示变量的一阶滞后项。***、**、*分别表示在1%、5%、10%的水平上显著。Wald 检验、Sargan 检验、AR（1）检验和 AR（2）检验表格中为对应的检验统计量，括号中为相应的 p 值。

回归结果显示，行业竞争强度对这三个效应不存在显著的调节作用，$p >$ 0.1，故假设7、假设8和假设9均没有得到证实。

三个模型的 AR（2）统计量的 p 值均大于0.1，说明不存在二阶序列自相关问题。对应的 Sargan 检验显示，三个模型 p 值均大于0.1，通过了 Sargan 检验，证实了动态面板数据模型的有效性。

7.8.3 行业污染程度调节效应分析

假设10、假设11和假设12是对行业污染程度的调节作用分析，表7-23

检验了该效应。其中 $WASTE \times HS$、$WASTE \times BS$ 和 $WASTE \times FS$ 分别对应于行业污染程度在水平溢出效应、后向溢出效应和前向溢出效应中的调节作用。

表 7 – 23　行业污染程度的调节作用

自变量	因变量 PSW					
	β	z	β	z	β	z
Lag. PSW	0.68***	41.2	0.62***	52.7	0.72***	28.08
HS			− 2.71	− 0.31	− 13.57*	− 1.7
Lag. HS			19.38	1.57	33.41***	3.01
BS	− 124.79***	− 15.36			− 175.22***	− 6.17
Lag. BS	137.51***	19.93			189.63***	6.01
FS	− 98.83**	− 2.55	− 170.06***	− 4.28		
Lag. FS	87.39	1.32	14.61	0.21		
PIA	7.79***	7.46	13.42***	13.2	7.98***	4.07
INDC	8.86	0.78	27.73**	2.43	19.26**	2.19
WASTE	− 0.75***	− 3.93	− 0.99***	− 7.84	− 1.19***	− 6.45
GDP	0.38*	1.68	1.23***	8.58	0.89***	4.86
WASTE × HS	− 1.47***	− 9.18				
WASTE × BS			0.02	0.39		
WASTE × FS					− 1.14***	− 5.09
constant	4.63	1.47	1.01	0.31	− 1.12	− 0.39
样本量	N = 144		N = 144		N = 144	
Wald 检验	181851.84(0.000)		115968.14(0.000)		1.04e + 06(0.000)	
AR（1）检验	− 2.73(0.006)		− 2.71(0.006)		− 2.80(0.005)	
AR（2）检验	1.02(0.307)		1.28(0.200)		1.38(0.169)	
Sargan 检验	16.37(0.230)		18.23(0.149)		18.26(0.148)	

注：Lag.（ ）表示变量的一阶滞后项。***、**、*分别表示在1%、5%、10%的水平上显著。Wald 检验、Sargan 检验、AR（1）检验和 AR（2）检验表格中为对应的检验统计量，括号中为相应的 p 值。

回归结果表明，行业污染程度对于水平溢出效应和绿色管理之间的关系存在显著负向调节作用，$p < 0.01$。说明企业污染程度越高，则水平效应对绿色管理的正向作用就越弱，反之，正向作用则更显著，假设10未得到证实。污染程度对后向溢出效应和绿色管理的关系的调节作用并不显著，$p > 0.01$，假设11也未得证实。但污染程度对前向溢出的调节作用也显著为负，$p < 0.01$，假设12未能得到证实。

三个模型的 AR（2）统计量的 p 值均大于 0.1，说明不存在二阶序列自相关问题。三个模型的 Sargan 检验结果也显示通过，p 值均大于 0.1，证实了动态面板数据模型的有效性。

为了验证实证结果的准确性，有必要对结论进行稳健性分析。前面章节对模型的 Abond 检验和 Sargan 检验的结果已经充分说明运用动态面板数据模型进行估计的稳健可靠性。接下来本文从变量测量的角度进行稳健性讨论。

在前文的实证分析中，以废水达标量作为企业绿色管理水平的衡量，但正如其他文献所述，工业二氧化硫也是废气污染所排放的有毒害物质之一。二氧化硫若不经过脱硫处理排放到大气中，会对人们健康产生重大负面影响。为了验证模型测量的稳健性，本文运用工业企业二氧化硫达标量（万吨）作为废水达标量（PSW）的替代测量，绿色管理吸收能力运用脱硫设施套数来替代，行业污染程度运用行业二氧化硫排放量作为替代测量。必须指出的是，由于《中国环境统计年鉴》未能对企业脱硫设施的处理能力做出统计，因为每套设施的处理能力并不相同，运用脱硫设施套数进行替代可能会存在一定的偏差。

动态面板数据分析结果如表 7-24 所示，结论基本与使用废水测量一致，溢出效应的回归系数符号上完全一致，仅仅是显著性上有所差异。由于差分广义矩估计 Sargan 检验未能通过，$p > 0.1$，以系统广义矩估计结果为准。结果显示水平溢出效应总体呈现出正向影响，但并不显著。后向溢出效应对绿色管理水平影响当期为负，滞后一期为正（$p < 0.01$）。前向溢出效应对绿色管理水平当期为负，滞后一期为正（$p < 0.01$）。这些结果表明前面章节的实证分析具有较强的稳健性。

表 7-24 动态面板数据分析

自变量	因变量 PSW			
	DIF-GMM		SYS-GMM	
	β	z	β	z
Lag. PSW	-0.16***	-4.71	-0.18***	-6.46
HS	0.99	0.76	1.90	1.44
Lag. HS	2.69	1.36	2.49	1.50
BS	-8.17	-1.45	-6.11	-1.31

续表

自变量	因变量 PSW			
	DIF-GMM		SYS-GMM	
	β	z	β	z
Lag. *BS*	31.77 ***	3.44	37.74 ***	4.41
FS	−13.33	−0.54	−32.32 ***	−2.81
Lag. *FS*	23.37	0.89	44.52 ***	2.90
PIA	3.62 ***	25.25	3.63 ***	25.68
INDC	−2.42 *	−1.90	−2.53 ***	−2.75
WASTE	0.21 ***	9.46	0.21 ***	12.15
GDP	−0.22 ***	−10.04	−0.22 ***	−12.95
constant	−8.29 ***	−8.76	−8.76 ***	−12.03
样本量	N = 144		N = 144	
Wald 检验	31598.91(0.000)		269211.70(0.000)	
AR（1）检验	−0.56(0.575)		13.34(0.422)	
AR（2）检验	−1.57(0.116)	−0.35(0.722)		
Sargan 检验	15.58(0.076)	−1.28(0.198)		

注：Lag.（ ）表示变量的一阶滞后项。***、**、*分别表示在 1%、5%、10% 的水平上显著。Wald 检验、Sargan 检验、AR（1）检验和 AR（2）检验表格中为对应的检验统计量，括号中为相应的 p 值。

7.9 本章小结

本章通过对数据的实证分析检验第 4 章提出的研究假设，并与第 5 章、第 6 章的模型进行了相互验证。首先分析了跨国公司水平关联、后向关联以及前向关联对本土企业绿色管理水平的直接作用，然后分析了吸收能力、行业竞争强度和行业污染程度这三个变量的调节作用。对于实证分析所获得的统计结果，在下一章进行相应的讨论。

第8章 结论与政策建议

8.1 研究结论和讨论

20 世纪 70 年代以来，中国改革开放不断深入和经济持续发展，但是发达国家工业化过程中出现的大量环境问题在中国重新露出端倪，环境问题与经济发展的矛盾日益突出，资源短缺、生态环境脆弱，环境容量不足成为制约中国经济、社会发展的重大问题（《中国的环境保护白皮书》，2006）。无论是中国政府、社会公众、舆论界等都为中国的环境保护贡献着力量，同时随着经济全球化给中国企业带来的影响日益深刻，跨国公司在全球范围内的资源配置不仅给本土企业带来了前沿的技术，也带来了先进的管理理念和管理方法，通过外商直接投资来促进我国经济的可持续发展已经是我国的重要战略之一。

跨国公司先进的绿色管理理念、方法等可能会通过各种渠道传递给本土企业。为此，本文在回顾了跨国公司绿色管理相关文献后，开创性地研究了跨国公司绿色管理向本土企业溢出的渠道和作用机制。首先，本文分析了跨国公司的水平关联、后向关联和前向关联对本土企业绿色管理水平的直接作用；其次，分析了本土企业绿色管理吸收能力、所在行业竞争强度、行业污染程度这三个变量对以上直接作用的调节作用。在这些假设中，三种关联的直接作用通过了检验以及吸收能力的调节作用也获得了检验，表 8－1 为第 7 章检验结果的汇总，接下来对这些检验结果逐一进行讨论。

表 8 – 1　实证研究结果汇总

序号	研究假设	是否验证
H1	外商直接投资对水平关联本土企业存在正向绿色管理溢出效应。	+
H2	外商直接投资对后向关联本土企业存在正向绿色管理溢出效应。	+
H3	外商直接投资对前向关联本土企业存在正向绿色管理溢出效应。	+
H4a	行业绿色管理吸收能力会正向调节外商直接投资和水平关联本土企业之间的效应。	+
H4b	行业绿色管理吸收能力会正向调节外商直接投资和后向关联本土企业之间的效应。	+
H4c	行业绿色管理吸收能力会正向调节外商直接投资和前向关联本土企业之间的效应。	○
H5a	行业竞争强度会正向调节外商直接投资和水平关联本土企业之间的效应。	○
H5b	行业竞争强度会正向调节外商直接投资和后向关联本土企业之间的效应。	○
H5c	行业竞争强度会正向调节外商直接投资和前向关联本土企业之间的效应。	○
H6a	行业污染程度会正向调节外商直接投资和水平关联本土企业之间的效应。	–
H6b	行业污染程度会正向调节外商直接投资和后向关联本土企业之间的效应。	○
H6c	行业污染程度会正向调节外商直接投资和前向关联本土企业之间的效应。	–

注：+表示有显著正向作用，–表示有显著负向作用，○表示正负向作用均不显著。

8.1.1　水平关联的直接作用

根据动态数据的检验结果（表 7 – 19），表 8 – 2 列出了水平关联、后向关联和前向关联三种直接作用的作用时滞。对于跨国公司的水平关联度，动态面板数据的检验结果是当期对本土企业绿色管理的直接作用不显著，系数为 0.32（$p > 0.1$），但在滞后一期存在显著的正向作用，系数为 28.86（$p < 0.05$）。说明水平关联所产生的溢出效应在滞后一期时才会显现出来，这种情况的出现可能有以下几方面的原因：

表 8 – 2　直接作用的时滞

关联度对绿色管理水平的直接作用	当期作用	滞后一期作用	总体作用
水平关联	○	+	+
后向关联	–	+	+
前向关联	–	+	+

注：+表示有显著正向作用，–表示有显著负向作用，○表示正负向作用均不显著。

首先，根据第 4 章所提出的假设，通过水平关联这一渠道所产生的溢出效应主要是通过示范、竞争和人员流动这三种途径来传播的。而这三种途径从绿色管理的传播、吸收、实施都需要一定的时间，势必会造成本土企业最终实施绿色管理的产出绩效在时间上落后。例如，当跨国公司开始投入使用新的治污设备，本土竞争者需要时间去了解该设备的技术、构造等知识，然后进行管理决策，再到对设备的安装、投入使用等都会造成一些滞后。另外对于人员流动途径，先进绿色管理知识、技术等的学习也不是一蹴而就的，企业先进绿色管理理念的培养等也需要一定的时间。

其次，根据第 5 章博弈模型的结论，只有在本土企业实施绿色管理成本足够低，成本降低率足够大时，跨国公司的绿色管理才会形成溢出。当跨国公司刚进入本土市场时，没有接触过先进管理理念的本土企业对绿色管理的理解较为落后，对实施绿色管理为企业带来的益处没有很好的估计，认为绿色管理对企业而言仅仅是一个来自外界压力的无收益支出。然而随着跨国公司绿色管理做法的不断深入和扩散，以及本土其他"尝试者"收益的显现，绿色管理可能才会在水平关联企业中获得显著的溢出效应。

另外，根据第 5 章模型结论，本土企业实施绿色管理跟市场对环保产品的接受程度相关。当跨国公司进入本土市场时，消费者及公众组织对该行业的绿色管理、产品环保特性等具备相应的认知和理解。经过跨国公司一段时间的经营和绿色概念的普及，市场对绿色管理概念的接受度和敏感度有所提高，相应地会刺激本土企业实施绿色管理，形成溢出效应。

8.1.2　后向关联的直接作用

根据动态数据的检验结果（表 7 – 19），总体上来讲跨国公司的后向关联会对本土企业的绿色管理水平产生正向作用，但这种正向作用在第二期才能显现出来，系数为 164.25（$p < 0.05$），而第一期则显示出负向作用，系数为 –153.75（$p < 0.01$）。这种情况的出现可能存在以下几方面的原因：

虽然有证据表明跨国公司的总体绿色管理水平较高（戈爱晶 & 张世秋，2006），但国内学者对跨国公司对中国环境造成的影响结论并不统一（夏友富，1995；赵细康，2002；胡舜 & 邓勇，2008）。所以有部分跨国公司进入中国，看重的还是中国较为宽松的环保政策和较低的公众环保意识。例如表 7 – 9 列出的行业后向、前向关联交叉情况，化学工业属于后向关联度较高而前向关联较低的行业，说明该行业中国属于典型的生产型行业。当这类跨国公司进入本土时，其上游供应商的增加无疑会增加整个行业的总体污染排放量，降低绿色管理水平。但随着跨国公司先进绿色管理理念的逐步渗透，这些后向关联的本土企业绿色管理会有所好转，并高于没有关联的其他本土企业。

　　另外，本土企业绿色管理水平起点较低，实施绿色管理初期的投资较大，如购买新的治污设备、聘请专业的技术人员等。根据第 6 章中的博弈模型，本土竞争供应商的数量和效仿绿色管理的可能性也会影响到企业是否进行绿色管理。如果本土原供应商实施绿色管理，一方面会降低生产成本，为企业带来超额利润；另一方面，本土其他竞争供应商可能会效仿原供应商的绿色管理，瓜分其原有的市场份额。当跨国公司刚进入时，与本土供应商的关系并不紧密，本土供应商面临着众多势均力敌的竞争对手，此时实施绿色管理更有可能被其他竞争对手所效仿，而且实施绿色管理初期成本较高，会破坏供应商原有的成本优势。基于这样的逻辑，本土供应商在初期可能不会实施绿色管理，而当与跨国公司供应关系稳定后，竞争者数量较少，原材料、能源成本降低，本土企业会实施绿色管理，形成溢出效应。

　　再者，根据第 3 章所述，跨国公司在上下游供应链的溢出效应包括环境监测和环境合作两种方式。环境合作建立在跨国公司和本土供应商具备良好的合作关系基础之上。当跨国公司刚进入本土市场时，两者关系并不牢固，跨国公司很有可能基于对核心技术外溢的考虑而放弃对上游供应商的环境合作。所以只有当跨国公司和供应商建立起一种信任关系之后，通过环境合作方式的后向绿色管理溢出效应才有可能形成。

　　最后，类似于水平溢出效应，当市场对该行业环境保护、绿色产品特性等认知度不够时，本土企业也没有足够的市场激励去实施绿色管理。对于跨国公司而言，刚进入东道国市场时，所受到的包括来自母国舆论、国际组织压力还未开始体现，可能会采取先实施"环境避难所"政策，等市场意识较强烈时，再对供应商提出绿色管理要求。

8.1.3　前向关联的直接作用

　　根据动态数据的检验结果（表 7 - 19），总体上来讲跨国公司的前向关联会对本土企业的绿色管理水平产生正向作用，但这种正向作用在第二期才能显现出来，系数为 139.89（$p < 0.1$），而第一期则显示出负向作用，系数为 -195.67（$p < 0.01$）。相比后向关联，由于前向关联缺少"绿色订单效应"的强制性约束，跨国公司对于下游销售商的溢出效果可能会存在更大的不确定性因素。这种情况的出现可能存在以下几方面的原因：

　　目前商品大多为买方市场，跨国公司对下游销售商的约束力并不像对上游供应商那样有效，所以大多数对前向关联的企业通常采用环境合作的方式形成绿色管理溢出。例如绿色物流，就需要跨国公司和销售商共同建立有效的信息系统、库存控制等多种方法，减少物流资源的浪费，降低物流对环境造成的负面影响。根据第 3 章的分析，通常这种环境合作行为不仅要求下游销售商投入物力、财力、人力，也需要上游跨国公司投入资源进行协调和整合。所以这种环境合作是建立在一定的信任基础之上，而这种信任可能要经过一段时间才能建立，在此情况下，通过前向关联渠道的绿色管理溢出就会有所延迟。

同样，市场对绿色管理的需求建立也需要一段时间，当市场上消费者对于环境保护、绿色产品特性在跨国公司初期并没有很好的认知时。根据第 6 章结论，本土销售商的最优绿色度会随着市场绿色敏感的增加而增加，所以在跨国公司刚进入本土市场时，企业也缺乏足够的利益驱动去实施绿色管理，很难形成绿色管理溢出。

另外，根据第 6 章的结论，最优绿色度随着竞争者效仿可能性的增加而下降。在跨国公司进入初期，本土销售商并没有动力实施绿色管理。一方面跨国公司和本土销售商的关系并不紧密，原销售商面临的竞争者数量众多，模仿概率较大，侵占其原有市场份额的可能性也较大。另一方面，由于绿色管理实施初期投资额相对较大，使得原销售商可能会失去成本竞争优势。基于此，在同跨国公司合作初期，销售商可能会较少地考虑绿色管理，甚至减少绿色管理，以获得更大成本优势而赢得同跨国公司的合作。

8.1.4　吸收能力的调节作用

根据表 7 - 20 和表 7 - 21 可以看出本土企业对绿色管理的吸收能力会正向调节跨国公司的水平溢出效应，调节效应系数为 0.61 （$p < 0.01$）；对后向溢出效应也有显著的正向调节作用，调节效应系数为 2.51 （$p < 0.01$）；对于前向溢出效应的调节作用虽然为正，但并不显著，调节效应系数为 0.05 （$p > 0.1$）。这说明，本土企业现有绿色管理水平会有助于跨国公司绿色管理向本土企业的传递。

吸收能力作为技术溢出效应中的一个重要概念在绿色管理溢出效应中也得到了类似的检验结论。在绿色管理范畴中，吸收能力包括接触先进绿色管理的机会、吸收先进绿色管理的知识储备和有效实施绿色管理的体制这三个层次，无论哪个层次都会对本土企业的绿色管理产生深远的影响。例如，第5章的结论显示，当本土企业实施绿色管理所获得的成本降低率较大时，会加速绿色管理的溢出。成本降低率较大意味着企业有能力通过内部管理、技术革新等手段从绿色管理中获得收益，形成企业成本优势。这种成本降低率可以折射出本土企业吸收能力的一个方面。

但是，吸收能力对于前向溢出效应的调节作用并不显著。可能的原因是跨国公司与前向关联的企业合作成分较多。根据第3章的分析，跨国公司对供应链企业环境管理的手段分为环境监管和环境合作。环境监管的手段包括搜集公开披露的数据、第三方环境审计等，这些手段通常比较成熟，属于较为标准化、低层次的绿色管理阶段。而环境合作则可能是需要上下游双方共同投入资源来完成的，通常这种合作行为是开创性的、具有较高的不确定性，也往往走在环境保护领域的前沿。本土销售商目前较低的绿色管理水平对这种环境合作手段支持力可能较弱。例如，拥有较强治污水平的下游销售商，可能在协同跨国公司进行可循环利用产品的开发、营销方面的基础为零，需要重新投入资源来实施该类型的绿色管理。

8.1.5　行业竞争强度的调节作用

根据表7－22可以看出，本土企业所在行业的竞争强度对跨国公司水平溢出的调节效应为负，但并不显著，系数为－0.20（$p > 0.1$）；对后向溢出的调节效应也为负，不显著，系数为－0.14（$p > 0.1$）；对前向溢出的调节效应也为负，不显著，系数为－0.61（$p > 0.1$）。这说明总的而言，本土企业所在行业竞争强度对跨国公司绿色管理向本土企业的传递没有显著的作用。在以往检验技术溢出效应文献中，对行业竞争强度调节作用的结论也是不一致的。接下来对水平溢出效应，后向、前向溢出效应进行逐一分析。

对于水平溢出效应而言，行业竞争强度带来正向调节作用主要有两个原因。首先是从跨国公司"溢出源"的角度，因为第2章文献综述表明实施绿色管理会给企业带来竞争优势。在较为激烈的竞争环境中，跨国公司可能会采用更先进的绿色管理技术和方法以应对环境变化。这就增加了本土企业掌握更多、更先进的绿色管理知识的机会，提高了溢出效应的可能性。另外，从溢出效应的"接收方"而言，在竞争激烈的环境下，本土企业对先进绿色管理知识会更加敏感，态度也更加积极。基于同样的理论逻辑，本土企业可能会学习绿色管理知识，以培养自身竞争优势。

同时，行业竞争强度也可能会带来负向调节作用，这种负向调节作用主要源自于成本压力。对于跨国公司而言，面临激烈竞争时可能会考虑到实施绿色管理的成本因素，特别对于某些因为外部压力而不得不实施绿色管理的跨国公司而言，进入环境管制较为宽松的新兴市场时，可能会降低原有的绿色管理标准，实施制度套利。正如前文所述，有些跨国公司在其他发达国家能够实施高标准的绿色管理，但进入中国后却成为"污染大户"，严重影响了中国生态环境。对于和跨国公司水平关联的本土企业而言，也会出于同样的考虑而选择不实施绿色管理。即使同行业内有跨国公司采用高标准的绿色管理作为示范，但长期在低成本环境下生存的本土企业可能对环境保护、绿色管理的认知较少，很难吸收先进的绿色管理知识。所以，本土企业在这种情况下实施绿色管理的几率会变小，溢出效应也会相应变小。

对于垂直关联渠道而言，行业竞争强度可能会促进绿色管理的溢出。原因在于由于行业内竞争强度较大，本土企业都会尽量满足跨国公司的绿色管理要求以保护其自身合作地位。如果跨国公司对本土企业有较高绿色管理要求，在这种情况下本土企业会尽量满足要求，形成绿色管理的溢出。

但是，竞争激烈程度对企业成本优势也提出了更高的要求。对于绿色管理基础较差的本土企业，实施绿色管理初期需要大量的投资（Gray & Shadbegian，1995），并且短时间内无法建立相应的绿色管理竞争优势。目前大多数本土中小企业在 Hart（1995）所划分的三个阶段中，仍然属于第一个阶段，即污染治理、减少污染排放阶段。这个阶段对于企业实施绿色管理目的还是多以外部监管、外部压力为主，很难形成独特的核心竞争力，所以实施绿色管理对企业而言是一种成本负担，势必影响原有产品边际成本。基于这种考虑，可能有些本土企业不会将重心放在绿色管理上，而是致力于缩减成本以保持成本优势。

另外，根据第 5 章模型结论，当行业竞争较为激烈，同行类似的竞争者较多时，首先实施绿色管理的本土企业往往会受到竞争者的模仿，从而被瓜分原有市场份额可能性增加，企业的绿色管理水平会随着竞争者模仿可能性的增加而递减。按照该逻辑，通常各方博弈的结果是均不实施绿色管理，而等到垂直关联关系紧密成熟时再进行。

所以，按照以上分析，行业竞争强度对垂直关联企业的调节作用可能有或正或负的影响，所表现出来的实证检验结果就不显著。

8.1.6 行业污染程度的调节作用

根据表 7-23 可以看出本土企业所在行业的污染程度对跨国公司水平溢出的调节效应为负，系数为 -1.47（$p < 0.01$）；对后向溢出的调节效应为正，但不显著，系数为 0.02（$p > 0.1$）；对前向溢出的调节效应显著为负，系数为 -1.14（$p < 0.01$）。虽然环境污染程度较高的行业因为外部关注度较高，所受到的压力较大，对绿色管理要求也就相应越高。无论是跨国公司还是本土企业，在高关注度的情况下，会提高绿色管理水平。但行业污染程度也可能基于以下几个原因对溢出效应产生负面作用。

首先，虽然有文献表明跨国公司的绿色管理水平普遍高于本土企业，但在污染较为严重的行业，跨国公司母国对于该行业的监管较为严格。跨国公司很可能是由于环境规制的原因被"挤出"母国，到发展中国家来寻找污染避难所。例如表 7-8 显示，化工行业在中国仍然属于生产型行业，即上游生产多但下游销售少。这类跨国公司利用发展中国家的政策标准较低，甚至钻空子进行生产，他们实施的绿色管理水平可能还不如本土企业。这些行业内的跨国公司无法产生溢出效应，甚至对效应产生负向调节作用。

其次，对于污染较为严重的行业，若实施绿色管理可能需要支付更高的成本（Klassen & McLaughlin，1996），在第 5 章、第 6 章模型中表现为绿色管理成本系数的 β 值较大。另一方面，中国政府相关的环境保护政策也出台较晚，没有形成一个良好的政策体系，对违反环境政策的惩罚力度不够。污染严重行业成为"守法成本高"，但"违反成本低"的典型。实施绿色管理初期需要高额的投入，比如建立相应的治污设备，少则需要投入数十万元，多则需要数百万元甚至数千万元，但我国对于排放污染物所必须承担的惩罚费用却很低。有统计表明，我国企业环境违法所支付成本仅为治理成本的 10% 或者更少，不及环境污染所造成危害代价的 2%（付忠诚，2006）。正因为此，环境违法会比守法得到更多的收益，特别是污染严重的行业从利益最大化的角度出发，必然会选择不实施绿色管理。以污水处理为例，造纸行业一套污水处理设备的运行费用可能占其销售额的 10% 以上，如此巨额的投资，企业当然是不太情愿支付的。

再次，Klassen 和 McLaughlin（1996）认为公众一般不太相信污染严重的行业会实施绿色管理。由于中国在改革开放后快速发展，对环境保护和绿色管理的公众认知也刚刚起步，大众对环保的积极性并不高。在环境污染较为严重的行业，公众对其绿色敏感程度长期处于低迷状态，即使这些企业实施了绿色管理，也很难赢得公众的信任，许多企业可能会出现"破罐子破摔"的考虑而不进行绿色管理。

8.2　研究启示与对策建议

8.2.1　对本土企业实施绿色管理的启示

1. 从应对环境保护压力到绿色竞争优势塑造的转变

传统观点认为，企业实施绿色管理会增加成本，成为企业负担，降低其成本竞争力。但是从企业外部看，消费者的环保需求正在发生变化，环保政策越来越严格，企业面临惩罚和形象被破坏的威胁；从企业内部看，运营成本增加，融资困难，例如银行等金融机构开始对环保不达标的企业拒绝融资等，种种迹象表明实施绿色管理是中国企业的必经之路。本文通过文献回顾以及博弈模型研究发现，实施绿色管理不仅仅是企业的负担，而能为企业带来绿色竞争优势。按照 Hart（1995）的划分，绿色竞争优势包括第一阶段污染治理带来的成本优势，通过第二阶段产品管理带来的先发优势，以及第三阶段可持续发展带来的未来竞争地位优势。这种发展模式有利于中国企业融入全球价值链分工中新的竞争模式，也是中国企业在日益竞争的国际市场中持续发展的突破点。事实上绿色产品已经成为众多消费者的选择，2005 年联合国公布的一组统计数字显示，90% 的美国消费者、89% 的德国消费者和 84% 的荷兰消费者在购买时都会考虑产品环保性能（杨育谋，2009）。

例如，以 20 世纪 70 年代的汽车行业为例，日本汽车与美国汽车相比，在节能环保上具有明显优势。随着石油危机的爆发，这种优势在市场竞争力上得到了很好的体现，实现了客户价值、环境价值和股东价值的"三赢"，也为日本企业打开了美国市场。又例如，在"2008 北京国际节能环保展览会"上，东芝展示最新发明的"e-Blue"神奇消字技术。通过东芝 e-Blue 专用碳粉打印的文件，经过简单的加热处理，就能基本消去纸上字迹，还原为可以再次重复打印的纸张，一张纸可重复打印 5-10 次。越来越多的案例表明，企业必须超越将绿色管理停留在应对各方压力的做法，围绕可持续发展战略塑造绿色竞争优势是切实可行的。

2. 实施绿色管理战略，获得赖以生存的资源

按照第3章中对资源依赖观的分析，中国企业赖以生存的资源包括跨国公司的客户资源、由消费者所支持的公共关系资源以及政府政策资源。这些中国企业的外部资源均要求本土企业实施绿色管理。

目前许多跨国公司实施了绿色供应链管理，例如前文提到的沃尔玛、金佰利，均要求其上游供应商实施不同程度的绿色管理。国内和国际性的第三方非营利组织，代表公众利益为环境保护做出了极大的贡献。另外，中国政府将可持续发展确定为基本国策后，就积极推动环保节能产品的补贴，以促进实施绿色管理企业的发展。

中国企业在加强绿色管理的同时，要积极与外部资源依赖各方进行沟通，宣传其环境保护的战略、做法和态度，以获得在战略网络中更大的权力地位。例如，如果中国企业实施了更高标准的绿色管理，在同跨国公司进行议价时，可以打破原有的不对称权力关系，保证客户资源的稳定和多样性。同时，领军的本土企业可以以自身高标准的绿色管理作为样本，同政府环境规制机构进行谈判，制定行业内环境保护标准，构建竞争者的行业进入壁垒，获得垄断利润。或者中国企业可以利用对第三方非营利机构的承诺，给社区带来各种社会、生态环境利益，赢得消费者的认可，获得更高的产品收益。这些措施都可以增加企业在战略网络中的权力地位，保持企业赖以生存资源供应的稳定性。

3. 通过各种渠道学习跨国公司先进的绿色管理资源和技术

跨国公司是先进绿色管理的主要代表之一，也是先进绿色管理知识、技术、管理方法、人才等的汇聚地。根据本文结论证实，跨国公司的绿色管理会通过水平关联、后向关联和前向关联这三种渠道进行溢出，覆盖了所有本土企业同跨国公司的关联渠道。中国企业想通过绿色管理获得竞争优势，除了企业自身内部的创新，还必须不断地向跨国公司学习，无论是水平关联还是垂直关联的跨国公司，通过各种途径争取这些绿色资源。例如，参加行业内研讨会，通过座谈获得绿色管理方面领先的知识技术。另外，可以通过宣传等手段，获得跨国公司的关键人员流动，进行人力资源储备，积累相关的知识和技术等，获得实施绿色管理必须的资源。

4. 不断提升对绿色管理的吸收能力，实现企业自主绿色管理创新

对本土企业而言，来自跨国公司的绿色管理溢出是一个被动的过程，这就决定了从跨国公司获得绿色管理知识的局限性。本土企业一方面要充分利用这些有限的知识资源，具备积极的学习态度和意识，这通常来自于企业自身实施绿色管理经验的积累，即绿色管理吸收能力。因此，增强自主创新、自主研发的意识和能力，才是本土企业提高绿色管理水平，形成竞争优势的根本。这种绿色管理吸收能力的培养，一方面可以获得更多来自跨国公司的绿色管理溢出效应。另一方面，为企业今后的持续增长提供了基础。如果仅仅通过跨国公司强制性的"绿色订单效应"来推动本土企业绿色管理的发展，那么这些企业可能会"风光"地沦为跨国公司的附属。

由于历史原因和改革开放初期的需要，中国企业绿色管理成长于原有的粗放型增长方式，对绿色管理的认知和理解可谓一穷二白，这就使得对跨国公司先进知识的消化、吸收在企业的创新过程中显得格外重要。目前我国两类企业在这方面做得很好，一类是大型国企，主要是受到政府政策压力，受到政治和经济方面的双重压力来实施绿色管理。例如，宝钢集团成立了专门的环境资源委员会，由企业董事长担任主任，总经理、主管副总经理和工会主席任副主任，统筹安排各分、子公司总经理部署实施相关工作。

另一类则是领军的民营企业，这些企业是市场经济中最活跃的力量，认识到实施绿色管理的必要性，将环境保护纳入企业持久战略中。例如，2010年11月，华为主动与工信部签署节能自愿协议，以2009年发货产品的平均能耗为标准，到2012年12月，实现平均能耗下降35%（黄平，2011）。这种自愿性协议不仅是企业自身实施绿色管理的表现，也为其他企业树立了榜样。

8.2.2　对政府制定相关政策的启示

1. 以可持续发展为目标，建立科学的评价体系

从发达国家的经验来看，实施绿色管理既能提高收益，又能实现生态系统的可持续发展，使得人与自然实现和谐共处。在面临全球生态环境遭到破坏、环境问题不断涌现的变革时刻，中国也积极调整国家战略，紧随世界潮流的发展。例如，在国民经济和社会发展的十一五规划纲要里，就明确要求单位国民生产总值所需要的能耗下降20%，污染物排放量下降10%，这些量化性指标极大地推动了中国经济向绿色经济的转型。

但是中国实施可持续发展战略的时间并不长，地方政府、国有企业等基于可持续发展的科学评价体系还未完善，许多仅以 GDP 考核的观点还未完全转变，只有在政策指标的指挥棒下，才能至上而下地贯彻对环境保护的重视，及时了解环境保护的现有状态和发展趋势，使得现有企业既能支持经济平稳健康发展，又能在环境保护方面做出贡献。

2. 合理吸引外资，避免成为污染避难所

改革开放初期，我国面临着资金、技术、管理方式等各方面缺口，以及外汇短缺和市场机制的不完善，给予外商资本一系列超国民待遇优惠措施，以弥补国内发展资源的短缺。这些措施使得跨国公司在中国迅速站稳了脚跟，对中国经济的推动起到了不可估量的作用，带动了中国经济的腾飞。但同时，一部分污染大的跨国公司也被吸纳入了中国市场。随着国内自身资源的累积，以及实施可持续发展战略转变，这些高污染、高能耗的跨国公司，已经不适应中国的发展。

为了避免沦为跨国公司的"污染避难所"，各级政府进行招商引资时，不能一味追求引资量，而要提高环境、资源和能耗管制的门槛。一般而言，在价值链两端的设计研发和销售服务等项目，利润率高、能耗小、污染少，政府应该注重吸引这些跨国公司投资。在全球价值链中产业攀升的同时，实现清洁生产，提高能源使用率，减少对生态环境的破坏。

3. 加强内外资企业的关联，鼓励绿色管理的溢出

由本研究的结论可以看出，先进的绿色管理是可以通过与跨国公司各种方式的关联而溢出的。所以政府需要创造各种条件，加强本土企业与跨国公司之间的关联，参与国际分工，为绿色管理的溢出提供必要的条件。

例如，在目前中国外资经济已具备一定规模的条件下，吸引外资可以选择与当地产业结构在产业链前、后有配套资源的跨国公司，以及产业链较长的跨国公司，对于那些"生产—污染—出口"的跨国公司应坚决杜绝。或者建立产业园区，提高产业配套体系，为跨国公司和本土企业提供交流的环境和平台，获得人员流动所带来的绿色管理溢出。

4. 加大对企业绿色管理的资金投入和政策扶持

政府补贴对于企业实施绿色管理是一个重要的考虑因素之一（朱庆华、窦一杰，2011）。资金无疑是制约企业实施绿色管理的关键资源，政府的各种

节能环保资金应该向那些实施绿色管理水平较高的企业倾斜。有些地方政府就设立了专项基金以帮助企业的绿色管理，例如江苏省建立了由省财政拨款，用于推动全省建筑节能的专项基金（黄平，2011）。此外，政府的融资政策应该对实施绿色管理的企业有所优惠，例如先行发放贷款。环保总局、人民银行和银监会也为遏制高能耗、高污染企业盲目扩张，与 2007 年联合提出了"绿色信贷"政策。

5. 帮助非营利机构运作，培养绿色公共意识

据调查显示，中国许多环保类非营利组织一直处在尴尬的境地，无论是资金筹措还是人员配置，都遇到了极大的困难（北京市西城区恩派非营利组织发展中心，2010）。中国应认真研究国外成功非营利机构的运作模式，确立中国非营利机构的工作目标和工作策略，特别是将政府职能从非营利机构中解放出来。同时，各级政府应利用舆论工具，加大对环境意识、绿色产品特性和功能、绿色管理方法、先进事迹的宣传，也要加大对违规企业的披露和惩罚，为企业主动实施绿色管理创造好的舆论氛围。

8.2.3　对跨国公司在华生态环境保护的启示

1. 注重在华生态环境保护，塑造全球化绿色形象

在日益严峻的压力下，虽然污染避难所的假说并未得到实证支持，但仍然有部分跨国公司将高能耗、污染严重的项目在发展中国家投资。对于跨国公司而言，虽然采用全球统一的绿色管理标准会承担更多的成本和责任，但从长远来看，这些投资可以使得跨国公司提升企业的绿色形象，在全球范围内获得更高的品牌价值，成为企业竞争优势的源泉之一。

一些领先企业已经早早地通过实施有效的绿色管理战略来创造新的商业价值，包括开发绿色产品、采用更清洁的生产流程、新的业务模式、更高端环保的品牌形象等，这些领先者已经成功地将绿色管理转变为股东价值和可持续竞争优势。例如，大众汽车的蓝驱系列，是大众汽车节能、环保产品和技术的集合体，使得运用该技术的大众汽车车型更加省油、二氧化碳排放量更低。

2. 在进行环境监测的同时，加强环境合作

跨国公司希望培养绿色竞争优势，对供应链上下游的绿色整合能力是必

不可少的。正如前文所述，环境监测对于跨国公司的供应链绿色管理是一种外部化行为，在这种机制下跨国公司同链上企业的关系并不紧密。而环境合作则需要跨国公司花费大量的资源、精力去整合供应链资源，这对跨国公司的内部管理水平提出了较高的要求，但环境合作相比环境监测更有可能为跨国公司培育出新的竞争优势。例如，绿色产品的开发，既需要上游供应商供应可回收、利用率高的原材料，也需要下游销售商实施绿色营销，赢得最终利润。跨国公司若希望在东道国建立相应的核心竞争优势，就必须同当地上下游企业建立良好的合作关系，实施绿色管理，获得共赢。

3. 加强与政府、非营利机构的合作与交流

环境保护与节能减排是目前关系中国可持续发展的核心问题，也是各级政府部门所关注的热点问题，但是，由于缺乏绿色管理经验、技术，使得政府在这方面显得有心无力。拥有先进环保技术、管理方式、以及在发达国家投资经验的跨国公司能够在这方面为政府提供相应的帮助，一方面可以获得相应的投资回报，另一方面也能建立良好的声誉而获得更有利的投资环境。

非营利机构作为东道国公众的代表也希望通过跨国公司帮助当地企业改善生态环境。相比本土企业，中国公众对跨国公司环境保护的期望值更大。所以跨国公司在做好绿色管理的同时，要积极同当地公众进行沟通，将其绿色管理成果、经验进行推广，获取消费者的信任。

8.3 研究创新与理论贡献

8.3.1 研究内容创新

1. 绿色管理溢出概念创新

绿色管理溢出是本研究的一个创新概念，也是本研究的一个重点。这是对外商直接投资在东道国产生"技术溢出"的借鉴和突破，不同的是技术溢出多给予"硬资源"的传递，而"绿色管理溢出"更多基于"软资源"的传递和分析。这些差异性就要求对企业内部资源能力以及外部组织关系进行充分的研究，这可能对国际投资理论中跨国公司对东道国影响作出一些有价值的贡献。

2. 构建了绿色管理溢出渠道的模型

分析了三种关联渠道对跨国公司绿色管理溢出效应的理论模型，初步搭

建了绿色管理溢出效应的理论框架。分析了跨国公司如何通过水平关联、后向关联和前向关联对本土企业的绿色管理产生影响。研究结论一方面为如何有效利用外资提供了理论支持，另一方面为政府制定引资政策、贸易政策以及环境保护政策等方面提供了参考。

3. 非营利组织在推动企业绿色管理中的作用

对非营利组织在推动企业绿色管理过程中独特的作用进行分析和评估是本研究的另一个创新点。公益组织督促跨国公司在本土实施高标准的环境管理策略，加强对本地企业污染排放的检测，通过与跨国公司合作，对中国企业的环境表现进行跟踪调查。公益组织的作用效果和影响，是环境管理制度化一个很有意义和价值的推动力量，这个独特的视角也具有一定的开创性。

8.3.2　研究理论创新

1. 绿色溢出效应丰富了外商直接投资理论

技术溢出效应是外商直接投资理论中的一个重要议题。本文将该概念借鉴到绿色管理领域上，是新的全球问题背景下对外直接投资理论的一个补充。环境问题机遇与挑战并存，一方面是跨国公司和本土企业在新形势下不得不面对的问题，另一方面也是企业可能培养出未来竞争优势的可选方向。所以，对绿色管理溢出效应的分析可能会对研究跨国公司与东道国关系提供一些理论参考。

2. 将资源依赖观引入绿色管理领域

资源依赖观作为重要的战略学派之一，并没有得到太大的重视，也很少被运用到跨国公司的研究范围。本文运用资源依赖观解释绿色管理溢出效应，是对战略管理理论和跨国公司理论的补充尝试。其他战略理论学派，重点关注于企业内部资源、或者应对外部环境的内部资源调整，不同的是资源依赖观关注于企业对外部资源的获取，对于解释企业的战略行为具有独到的见解。

8.3.3　研究方法创新

1. 数理模型和数值分析

本文运用经济学博弈论的研究方法，对企业产品绿色度的市场表现进行了数理建模，对水平关联、后向关联和前向关联三种渠道中各影响要素进行了模型解读，并通过数值模拟了模型中各变量取值不同所带来的产品绿色度、产品销量、企业利润等变化情况。实证分析的特点是将现实问题真实地用数据反映出来，而数理模型的特点在于能够为现实问题提供最优解。本文结合实证分析和数理模型这两种研究方法，不仅描述了现实存在，也提供了一些未来可能的发展方向。

　　2. 动态面板数据

　　相比回归分析和静态面板数据分析，动态面板数据分析方法具有克服变量遗漏问题、内生性问题这两个优点，并能够获得截面信息的同时兼顾时序差异，对于现实问题的解释力度更强。本文运用该方法进行实证分析，能够很好地描述水平、后向、前向关联这三种渠道所带来的溢出效应。

8.4　研究局限性和未来研究方向

　　本研究取得了一些较有意义的结论，但在研究内容、模型设计、研究方法等方面仍然存在许多有待完善之处。

8.4.1　研究内容方面

　　由于本研究所研究的绿色管理溢出效应具有一定的创新性，几乎没有以往研究成果可以借鉴，所以对于绿色管理溢出效应的研究相对不够深入。例如，绿色管理以及最终的产品绿色度是一个比较笼统的概念，按照 Hart（1995）的分类，在内容上绿色管理可以分为减少污染排放、降低环境成本、减少企业成长中环境负担等，但缺少一个对于企业实际运营可以量化的指标。跨国公司溢出效应可能在生产绿色产品这一方面比较显著，但在减少污染排放方面的溢出效应比较微弱。未来研究可以考虑将绿色管理概念进行细化，分别考察不同绿色管理内容中跨国公司溢出效应的作用。

　　企业的绿色管理除了从跨国公司获得溢出效应，还受到其他因素的作用，可能是受企业竞争、合法性、社会责任和内部资源能力共同作用的结果。跨国公司的溢出效应可能只是多个因素中的一种，或者是对这些因素的响应。但目前对企业绿色管理战略、绩效等缺乏有效的指标测量，本研究试图将研究重点放在跨国公司的溢出效应，而忽略了溢出效应同其他企业战略、影响因素之间的关系。未来研究可以将其他公司战略纳入考虑。

不同阶段、不同类型的企业所获得的溢出效应并不一致。本文只考虑企业所在的行业特征，这些特征并不能完全描绘企业特质。例如，规模较大的企业由于所受到的公众关注度较高，可能实施绿色管理的态度比较积极，所获得溢出效应也较大。或者国有企业由于其决策行为会考虑部分政治因素，作为政府标杆也会积极实施绿色管理，但可能形式主义较浓。这些也可以作为未来研究的考虑方向之一。

本文研究的前提逻辑是基于跨国公司的绿色管理水平普遍高于本土企业，但这一逻辑是否成立还有待检验。可能有些跨国公司在环境保护方面实施全球一体化的战略，在发展中国家也保持先进的绿色管理水平。但也不排除一些跨国公司利用发展中国家环境保护政策的不完善，实施制度套利。随着中国外商资本具备一定的积累和本土企业的不断壮大，外商资本是否已经从中国重污染行业中撤离，这些问题也是值得研究探索的。

8.4.2　研究方法方面

正如前文所述，本文对绿色管理的研究较为笼统，在实证变量测量方面也仅仅用废水排放达标率这单一指标进行测量。虽然本文运用二氧化硫排放达标率进行了稳健性检验，但总体上对绿色管理的测量还不够全面。

另外，基于企业层面对于污染问题比较敏感，进行实地调研难度会很大，所获得数据真实性也值得考虑，本研究采用行业层面二手数据进行实证分析。如果未来研究能够进行企业层面、甚至供应链层面数据进行分析，得到的结论会更加深入和具体。

8.5　本章小结

本章是结论与政策建议，主要讨论前文数理模型、数值分析以及实证检验所获得结果；并根据研究结论对中国企业和政府给出相应的政策建议；另外本章还阐述了研究的创新点和对理论的贡献；最后指出了研究的局限性和未来可能的研究方向。

参考文献

[1] Aguilera-Caracuel, J., Aragón-Correa, J., Hurtado-Torres, N., & Rugman, A. M. The effects of institutional distance and headquarters' financial performance on the generation of environmental standards in multinational companies. Journal of Business Ethics, 2012, 105 (4): 461 –474.

[2] Ahn, S. C., & Schmidt, P. Efficient estimation of models for dynamic panel data. Journal of econometrics, 1995, 68 (1): 5 –27.

[3] Alfaro, L., Chanda, A., Kalemli-Ozcan, S., & Sayek, S. FDI and economic growth: The role of local financial markets. Journal of international economics, 2004, 64 (1): 89 –112.

[4] Ambec, S., & Lanoie, P. Does it pay to be green? A systematic overview. Academy of Management Perspectives, 2008, 22 (4): 45 –62.

[5] Aragon-Correa, J. A., & Sharma, S. A contingent resource – based view of proactive corporate environmental strategy. Academy of Management Review, 2003: 71 –88.

[6] Arellano, M., & Bond, S. Some tests of specification for panel data: Monte carlo evidence and an application to employment equations. The Review of Economic Studies, 1991, 58 (2): 277 –297.

[7] Arellano, M., & Bover, O. Another look at the instrumental variable estimation of error-components models. Journal of Econometrics, 1995, 68 (1): 29 –51.

[8] Arora, S., & Cason, T. N. An experiment in voluntary environmental regulation: Participation in EPA's 33/50 program. Journal of Environmental Economics and Management, 1995, 28 (3): 271 –286.

[9] Banerjee, S. B. Managerial perceptions of corporate environmentalism: Interpretations from industry and strategic implications for organizations. Journal of Management Studies, 2001, 38 (4): 489 –513.

[10] Bansal, P. Evolving sustainably: A longitudinal study of corporate sustainable development. Strategic Management Journal, 2005, 26 (3): 197 –218.

[11] Bansal, P. , & Roth, K. Why companies go green: A model of ecological responsiveness. Academy of Management Journal, 2000: 717 – 736.

[12] Bansal, P. , & Roth, K. Why companies go green: A model of ecological responsiveness. Academy of Management Journal, 2000, 43 (4): 717 – 736.

[13] Bartelsman, E. , Haltiwanger, J. , & Scarpetta, S. Microeconomic evidence of creative destruction in industrial and developing countries. World Bank, Human Development Network, Social Protection Team, 2004.

[14] Bartlett, C. A. , & Ghoshal, S. Managing across borders 1989. Boston: Harvard Business School Press.

[15] Beamon, B. M. Designing the green supply chain. Logistics information management, 1999, 12 (4): 332 – 342.

[16] Besser, T. Community involvement and the perception of success among small business operators in small towns. Journal of Small Business Management, 1999, 37 (4).

[17] Blackman, A. , & Wu, X. Foreign direct investment in china's power sector: Trends, benefits and barriers. Energy Policy, 1999, 27 (12): 695 – 711.

[18] Blalock, G. Technology from foreign direct investment: Strategic transfer through supply chains. New York: Cornell University, 2001.

[19] Blodgett, L. L. Partner contributions as predictors of equity share in international joint ventures. Journal of International Business Studies, 1991: 63 – 78.

[20] Blomstrom, M. , Kokko, A. , & Zejan, M. Host country competition and technology transfer by multinationals: National Bureau of Economic Research. 1995

[21] Blundell, R. , & Bond, S. Initial conditions and moment restrictions in dynamic panel data models. Journal of econometrics, 1998, 87 (1): 115 – 143.

[22] Brown, H. S. , Derr, P. , Renn, O. , & White, A. L. Corporate environmentalism in a global economy: Societal values in international technology transfer. Recherche, 1993, 67: 02.

[23] Buckley, P. J. , & Casson, M. The future of the multinational enterprise. London: Macmillan, 1976.

[24] Burke, L. , & Logsdon, J. M. How corporate social responsibility pays off. Long range planning, 1996, 29 (4): 495 – 502.

[25] Buysse, K. , & Verbeke, A. Proactive environmental strategies: A stakeholder management perspective. Strategic Management Journal, 2003, 24 (5): 453 – 470.

[26] Cantwell, J. Technological innovation and multinational corporations. London: Basil Blackwell, 1989.

［27］Caves, R. E. Multinational firms, competition, and productivity in host – country markets. Economica, 1974, 41 (162): 176 – 193.

［28］Child, J. , & Tsai, T. The dynamic between firms' environmental strategies and institutional constraints in emerging economies: Evidence from china and taiwan * . Journal of Management Studies, 2005, 42 (1): 95 – 125.

［29］Christmann, P. Effects of "best practices" of environmental management on cost advantage: The role of complementary assets. Academy of Management Journal, 2000, 43 (4): 663 – 680.

［30］Christmann, P. Multinational companies and the natural environment: Determinants of global environmental policy standardization. Academy of Management Journal, 2004, 47 (5): 747 – 760.

［31］Christmann, P. , & Taylor, G. Globalization and the environment: Determinants of firm self-regulation in china. Journal of International Business Studies, 2001, 32 (3): 439 – 458.

［32］Cleff, T. , & Rennings, K. Determinants of environmental product and process innovation. European Environment, 1999, 9 (5): 191 – 201.

［33］Coe, D. T. , & Helpman, E. International R&D spillovers. European Economic Review, 1995, 39 (5): 859 – 887.

［34］Cohen, W. M. , & Levinthal, D. A. Innovation and learning: The two faces of R&D. The Economic Journal, 1989, 99 (397): 569 – 596.

［35］Cray, D. Control and coordination in multinational corporations. Journal of International Business Studies, 1984, 15 (2): 85 – 98.

［36］Crespo, N. , & Fontoura, M. P. Determinant factors of FDI spillovers – What do we really know? World development, 2007, 35 (3): 410 – 425.

［37］d'Aspremont, C. , & Jacquemin, A. Cooperative and noncooperative R&D in duopoly with spillovers. American Economic Review, 1988, 78 (5): 1133 – 1137.

［38］Darnall, N. Adopting ISO 14001: Why some firms mandate certification while others encourage it. Washington, DC: The Association for Public Policy Analysis and Management, 2001.

［39］Darnall, N. , & Edwards, D. Predicting the cost of environmental management system adoption: The role of capabilities, resources and ownership structure. Strategic Management Journal, 2006, 27 (4): 301 – 320.

［40］Darnall, N. , Henriques, I. , & Sadorsky, P. Adopting proactive environmental strategy: The influence of stakeholders and firm size. Journal of Management Studies, 2010, 47 (6): 1072 – 1094.

［41］Dasgupta, S., Hettige, H., & Wheeler, D. What improves environmental compliance? Evidence from Mexican industry. Journal of environmental economics and management, 2000, 39 (1): 39 –66.

［42］Dasgupta, S., Laplante, B., Wang, H., & Wheeler, D. Confronting the environmental Kuznets curve. Journal of Economic Perspectives, 2002, 16 (1): 147 –168.

［43］David, P., Bloom, M., & Hillman, A. J. Investor activism, managerial responsiveness, and corporate social performance. Strategic Management Journal, 2007, 28 (1): 91 –100.

［44］De Bettignies, H. -C., & Lépineux, F. Can multinational corporations afford to ignore the global common good? Business & Society Review, 2009, 114 (2): 153 –182.

［45］De George, R. T. Competing with integrity in international business. Oxford: Oxford University Press, 1993.

［46］De Jongh, D. A stakeholder perspective on managing social risk in south Africa: Responsibility or accountability. Journal of Corporate Citizenship, 2004, 15: 27 –31.

［47］Delmas, M. A. The diffusion of environmental management standards in Europe and in the United States: An institutional perspective. Policy Sciences, 2002, 35 (1): 91 –119.

［48］DiMaggio, P. J. The new institutionalisms: Avenues of collaboration. Journal of Institutional and Theoretical Economics, 1998, 154 (4): 696 –705.

［49］DiMaggio, P. J., & Powell, W. W. The iron cage revisited: Institutional isomorphism and collective rationality in organizational fields. American Sociological Review, 1983, 48 (2): 147 –160.

［50］Donaldson, T., & Dunfee, T. W. Toward a unified conception of business ethics: Integrative social contracts theory. Academy of Management Review, 1994, 19 (2): 252 –284.

［51］Dowell, G., Hart, S., & Yeung, B. Do corporate global environmental standards create or destroy market value? Management Science, 2000, 46 (8): 1059 –1074.

［52］Downing, P. B., & White, L. J. Innovation in pollution control. Journal of Environmental Economics and Management, 1986, 13 (1): 18 –29.

［53］Dunning, J. H. The changing geography of foreign direct investment. Internationalization, Foreign Direct Investment and Technology Transfer: Impact and Prospects for Developing Countries. London: Routledge, 1998.

［54］Ekins, P. The Kuznets curve for the environment and economic growth: Examining the evidence. Environment and Planning, 1997, 29 (5): 805 –830.

［55］Eskeland, G. S., & Harrison, A. E. Moving to greener pastures? Multinationals and the pollution haven hypothesis. Journal of Development Economics, 2003, 70 (1): 1 –23.

［56］Feenstra, R. C., & Hanson, G. H. Globalization, outsourcing, and wage inequality: National Bureau of Economic Research. 1996.

[57] Feenstra, R. C. , & Hanson, G. H. Foreign direct investment and relative wages: Evidence from Mexico's maquiladoras. Journal of International Economics, 1997, 42 (3 – 4): 371 – 393.

[58] Feenstra, R. C. , & Hanson, G. H. Global production sharing and rising inequality: A survey of trade and wages. National Bureau of Economic Research. 2001

[59] Fligstein, N. The structural transformation of american industry: An institutional account of the causes of diversification in the largest firms, 1919 – 1979. Chicago: University of Chicago Press, 1991.

[60] Florida, R. Lean and green: The move to environmentally conscious manufacturing. California Management Review, 1996, 39 (1): 80 – 105.

[61] Frederick, W. C. The moral authority of transnational corporate codes. Journal of Business Ethics, 1991, 10 (3): 165 – 177.

[62] Görg, H. , & Greenaway, D. Much ado about nothing? Do domestic firms really benefit from foreign direct investment? World Bank Research Observer, 2004, 19 (2): 171 – 197.

[63] Gachino, G. G. Technological spillovers from multinational presence: Towards a conceptual framework. Progress in Development Studies, 2010, 10 (3): 193 – 210.

[64] Garriga, E. , & Melé, D. Corporate social responsibility theories: Mapping the territory. Journal of Business Ethics, 2004, 53 (1/2): 51 – 71.

[65] Geffen, C. A. , & Rothenberg, S. Suppliers and environmental innovation: The automotive paint process. International Journal of Operations & Production Management, 2000, 20 (2): 166 – 186.

[66] Glass, A. J. , & Saggi, K. Intellectual property rights and foreign direct investment. Journal of international economics, 2002, 56 (2): 387 – 410.

[67] Gnyawali, D. Corporate social performance: An international perspective. In Prasad S. B. and Boyd B. K. (eds.) Advances in International Comparative Management, Greenwich: JAI Press, 1996, 11: 251 – 273.

[68] Gooderham, P. N. , Nordhaug, O. , & Ringdal, K. Institutional and rational determinants of organizational practices: Human resource management in European firms. Administrative Science Quarterly, 1999, 44 (3): 507 – 531.

[69] Gray, W. B. , & Shadbegian, R. J. Pollution abatement costs, regulation, and plant – level productivity. 1995. National Bureau of Economic Research.

[70] Grether, J. M. , & De Melo, J. Globalization and dirty industries: Do pollution havens matter? 2003. National Bureau of Economic Research.

［71］Griffith, R. , Redding, S. , & Reenen, J. Mapping the two faces of r&d: Productivity growth in a panel of oecd industries. Review of Economics and Statistics, 2004, 86 (4): 883 – 895.

［72］Grossman, G. M. , & Krueger, A. B. Economic growth and the environment. Quarterly Journal of Economics 1995, 110 (2): 353 – 377.

［73］Guler, I. , Guillén, M. F. , & Macpherson, J. M. Global competition, institutions, and the diffusion of organizational practices: The international spread of ISO9000 quality certificates. Administrative Science Quarterly, 2002, 47 (2): 207 – 232.

［74］Hall, J. Environmental supply chain dynamics. Journal of Cleaner Production, 2000, 8 (6): 455 – 471.

［75］Hall, J. , & Vredenburg, H. The challenges of innovating for sustainable development. MIT Sloan Management Review, 2003, 45 (1): 61 – 68.

［76］Hammond, D. , & Beullens, P. Closed – loop supply chain network equilibrium under legislation. European Journal of Operational Research, 2007, 183 (2): 895 – 908.

［77］Handfield, R. , Walton, S. V. , Sroufe, R. , & Melnyk, S. A. Applying environmental criteria to supplier assessment: A study in the application of the analytical hierarchy process. European Journal of Operational Research, 2002, 141 (1): 70 – 87.

［78］Hannon, J. M. , Huang, I. – C. , & Jaw, B. – S. International human resource strategy and its determinants: The case of subsidiaries in Taiwan. Journal of International Business Studies, 1995, 26 (3): 531 – 554.

［79］Harrison, A. The role of multinationals in economic development: The benefits of FDI. Columbia Journal of World Business, 1994, 29 (4): 6 – 11.

［80］Hart, S. L. A natural – resource – based view of the firm. Academy of Management Review, 1995, 20 (4): 986 – 1014.

［81］Henriques, I. , & Sadorsky, P. The determinants of an environmentally responsive firm: An empirical approach. Journal of Environmental Economics and Management, 1996, 30 (3): 381 – 395.

［82］Henriques, I. , & Sadorsky, P. The relationship between environmental commitment and managerial perceptions of stakeholder importance. Academy of Management Journal, 1999: 87 – 99.

［83］Hettige, H. , Huq, M. , Pargal, S. , & Wheeler, D. Determinants of pollution abatement in developing countries: Evidence from south and southeast Asia. World development, 1996, 24 (12): 1891 – 1904.

［84］Hillman, A. J. , & Keim, G. D. Shareholder value, stakeholder management, and social issues: What's the bottom line? Strategic Management Journal, 2001, 22 (2): 125 – 139.

[85] Hoffman, A. J. Institutional evolution and change: Environmentalism and the U. S. chemical industry. Academy of Management Journal, 1999: 351 – 371.

[86] Hoffman, A. J. Climate change strategy: The business logic behind voluntary greenhouse gas reductions. California Management Review, 2005, 47 (3): 21 – 46.

[87] Husted, B. W. Governance choices for corporate social responsibility: To contribute, collaborate or internalize? Long Range Planning, 2003, 36 (5): 481 – 498.

[88] Husted, B. W., & Allen, D. B. Corporate social responsibility in the multinational enterprise: Strategic and institutional approaches. Journal of International Business Studies, 2006, 37 (6): 838 – 849.

[89] Jänicke, M., & Jacob, K. Lead markets for environmental innovations: A new role for the nation state. Global Environmental Politics, 2004, 4 (1): 29 – 46.

[90] Jennings, P. D., & Zandbergen, P. A. Ecologically sustainable organizations: An institutional approach. Academy of Management Review, 1995, 20 (4): 1015 – 1052.

[91] Jennings, P. D., Zandbergen, P. A., & Martens, M. L. Complications in compliance: Variation in environmental enforcement in British Columbia' s lower fraser basin, 1985 – 1996. In Hoffman A. and Ventresca M. (eds.) Organizations, policy, and the natural environment: Institutional and strategic perspectives, 2002: 57 – 89, Stanford University Press, Stanford.

[92] Jeppesen, S., & Hansen, M. W. Environmental upgrading of third world enterprises through linkages to transnational corporations. Theoretical perspectives and preliminary evidence. Business Strategy and the Environment, 2004, 13 (4): 261 – 274.

[93] Johansson, J. K., & Yip, G. S. Exploiting globalization potential: U. S. And Japanese strategies. Strategic Management Journal, 1994, 15 (8): 579 – 601.

[94] Julian, S. D., Ofori – Dankwa, J. C., & Justis, R. T. Understanding strategic responses to interest group pressures. Strategic Management Journal, 2008, 29 (9): 963 – 984.

[95] Kamath, S. J. Foreign direct investment in a centrally planned developing economy: The Chinese case. Economic Development and Cultural Change, 1990, 39 (1): 107 – 130.

[96] Khanna, M. Non – mandatory approaches to environmental protection. Journal of Economic Surveys, 2001, 15 (3): 291 – 324.

[97] King, A. A., & Lenox, M. J. Industry self – regulation without sanctions: The chemical industry's responsible care program. Academy of Management Journal, 2000: 698 – 716.

[98] King, A. A., Lenox, M. J., & Terlaak, A. The strategic use of decentralized institutions: Exploring certification with the iso 14001 management standard. The Academy of Manage-

ment Journal, 2005, 43 (4): 1091 – 1106.

[99] King, A. A., & Shaver, J. M. Are aliens green? Assessing foreign establishments´environmental conduct in the United States. Strategic Management Journal, 2001, 22 (11): 1069 – 1085.

[100] Kinoshita, Y. R&D and technology spillovers through FDI: Innovation and absorptive capacity. 2001. CEPR Discussion Papers.

[101] Klassen, R. D., & McLaughlin, C. P. The impact of environmental management on firm performance. Management Science, 1996: 1199 – 1214.

[102] Kobrin, S. J. An empirical analysis of the determinants of global integration. Strategic Management Journal, 1991, 12 (S1): 17 – 31.

[103] Kogut, B. Designing global strategies: Comparative and competitive value – added chains. Sloan Management Review, 1985, 26 (4): 15 – 28.

[104] Kokko, A. Foreign direct investment, host country characteristics, and spillovers . 1992. Stockholm School of Economics, Economic Research Institute.

[105] Kokko, A. Technology, market characteristics, and spillovers. Journal of Development Economics, 1994, 43 (2): 279 – 293.

[106] Kokko, A. Productivity spillovers from competition between local firms and foreign affiliates. Journal of International Development, 1996, 8 (4): 517 – 530.

[107] Kolk, A., & Levy, D. L. Multinationals and global climate change: Issues for the automotive and oil industries. Research in Global Strategic Management, 2003, 9: 171 – 193.

[108] Kolk, A., & Pinkse, J. A perspective on multinational enterprises and climate change: Learning from "an inconvenient truth" & quest. Journal of International Business Studies, 2008, 39 (8): 1359 – 1378.

[109] Kolk, A., & van Tulder, R. International business, corporate social responsibility and sustainable development. International Business Review, 2010, 19 (2): 119 – 125.

[110] Konings, J. The effects of foreign direct investment on domestic firms. Economics of transition, 2001, 9 (3): 619 – 633.

[111] Koplin, J., Seuring, S., & Mesterharm, M. Incorporating sustainability into supply management in the automotive industry – the case of the volkswagen ag. Journal of Cleaner Production, 2007, 15 (11 – 12): 1053 – 1062.

[112] Korten, D. C. When corporations rule the world. 2001. Berrett-Koehler Publisher, San Francisco.

[113] Kostova, T., & Zaheer, S. Organizational legitimacy under conditions of complexity: The case of the multinational enterprise. Academy of Management Review, 1999, 24 (1): 64 – 81.

[114] Krause, D. R. , Scannell, T. V. , & Calantone, R. J. A structural analysis of the effectiveness of buying firms' strategies to improve supplier performance. Decision Sciences, 2000, 31 (1): 33 - 55.

[115] Krut, R. , & Karasin, L. Supply chain environmental management: Lessons from leaders in the electronics industry. 1999. United States - Asia Environmental Partnership.

[116] Kueh, Y. Y. Foreign investment and economic change in China. China Quarterly, 1992, (131): 637 - 690.

[117] Lamprecht, J. L. , & Amacom. ISO14000: Issues & implementation guidelines for responsible environmental management. 1997. American Management Association, New York.

[118] Laroche, M. , Kirpalani, V. H. , Pons, F. , & Zhou, L. A model of advertising standardization in multinational corporations. Journal of International Business Studies, 2001, 32 (2): 249 - 266.

[119] Leonard, H. J. Pollution and the struggle for the world product: Multinational corporations, environment, and international comparative advantage. 1988. Cambridge University Press.

[120] Levy, D. L. Business and international environmental treaties: Ozone depletion and climate change. California Management Review, 1997, 39 (3): 54 - 71.

[121] Levy, D. L. , & Kolk, A. Strategic responses to global climate change: Conflicting pressures on multinationals in the oil industry. Business and Politics, 2002, 4 (3): 275 - 300.

[122] Low, P. , & Yeats, A. Do 'dirty' Industries Migrate?. in Low, P. (ed.) International Tradeand the Environment. World Bank Discussion Paper, 1992: 89 - 103.

[123] Mani, M. , & Wheeler, D. In search of pollution havens? Dirty industry in the world economy, 1960 to 1995. Journal of Environment & Development, 1998, 7 (3): 215 - 247.

[124] Markusen, J. R. , & Venables, A. J. Foreign direct investment as a catalyst for industrial development. European Economic Review, 1999, 43 (2): 335 - 356.

[125] Meyer, K. E. Perspectives on multinational enterprises in emerging economies. Journal of International Business Studies, 2004, 35 (4): 259 - 276.

[126] Meyer, K. E. , & Sinani, E. When and where does foreign direct investment generate positive spillovers&quest: A meta - analysis. Journal of International Business Studies, 2009, 40 (7): 1075 - 1094.

[127] Mielnik, O. , & Goldemberg, J. Foreign direct investment and decoupling between energy and gross domestic product in developing countries. Energy Policy, 2002, 30 (2): 87 - 89.

[128] Miller, D. J. Firms' technological resources and the performance effects of diversification:

A longitudinal study. Strategic Management Journal, 2004, 25 (11): 1097 – 1119.

[129] Milstein, M. B. , Hart, S. L. , & York, A. S. Coercion breeds variation: The differential impact of isomorphic pressures on environmental strategies. 2002. Stanford University Press: Stanford.

[130] Min, H. , & Galle, W. P. Green purchasing practices of US firms. International Journal of Operations & Production Management, 2001, 21 (9): 1222 – 1238.

[131] Mitra, S. , & Webster, S. Competition in remanufacturing and the effects of government subsidies. International Journal of Production Economics, 2008, 111 (2): 287 – 298.

[132] Murillo – Luna, J. L. , Garcés-Ayerbe, C. , & Rivera-Torres, P. Why do patterns of environmental response differ? A stakeholders´ pressure approach. Strategic Management Journal, 2008, 29 (11): 1225 – 1240.

[133] Nehrt, C. Maintainability of first mover advantages when environmental regulations differ between countries. Academy of Management Review, 1998, 23 (1): 77 – 97.

[134] North, D. C. Institutions, institutional change, and economic performance. 1990. Cambridge University Press, Cambridge.

[135] Park, W. G. International R&D spillovers and OECD economic growth. Economic Inquiry, 1995, 33 (4): 571 – 591.

[136] Pfeffer, J. Managing with power: Politics and influence in organizations. 1993. Harvard Business School Press, Boston.

[137] Porter, M. E. Technology and competitive advantage. Journal of Business Strategy, 1985, 5 (3): 60 – 78.

[138] Porter, M. E. Competition in global industries. 1986. Harvard Business Press, Boston.

[139] Porter, M. E. , & Kramer, M. R. The link between competitive advantage and corporate social responsibility. Harvard Business Review, 2006, 84 (12): 78 – 92.

[140] Porter, M. E. , & Linde, C. v. d. Toward a new conception of the environment – competitiveness relationship. The Journal of Economic Perspectives, 1995, 9 (4): 97 – 118.

[141] Powell, W. W. , & DiMaggio, P. J. The new institutionalism in organizational analysis. 1991. University of Chicago Press, Chicago.

[142] Prahalad, C. K. , & Doz, Y. The multinational mission: Balancing local demands and global vision. 1987. Free Press, New York.

[143] Rao, P. , & Holt, D. Do green supply chains lead to competitiveness and economic performance? International Journal of Operations & Production Management, 2005, 25 (9): 898 – 916.

[144] Reed, D. Three realms of corporate responsibility: Distinguishing legitmacy, morality and

ethics. Journal of Business Ethics, 1999, 21 (1): 23 – 35.

[145] Reed, D. Employing normative stakeholder theory in developing countries. Business & Society, 2002, 41 (2): 166 – 207.

[146] Reinhardt, F. L. Environmental product differentiation: Implications for corporate strategy. California Management Review, 1998, 40 (4): 43 – 73.

[147] Roome, N. Developing environmental management strategies. Business Strategy and the Environment, 1992, 1 (1): 11 – 24.

[148] Rothaermel, F. T. , & Hill, C. W. L. Technological discontinuities and complementary assets: A longitudinal study of industry and firm performance. Organization Science, 2005: 52 – 70.

[149] Roy, M. J. , Boiral, O. , & Lagacé, D. Environmental commitment and manufacturing excellence: A comparative study within canadian industry. Business Strategy and the Environment, 2001, 10 (5): 257 – 268.

[150] Rugman, A. M. The regional multinationals: MNEs and "global" strategic management. 2005. Cambridge Universigy Press, Cambridge.

[151] Rugman, A. M. , & Verbeke, A. A note on the transnational solution and the transaction cost theory of multinational strategic management. Journal of International Business Studies, 1992: 761 – 771.

[152] Rugman, A. M. , & Verbeke, A. Corporate strategy and international environmental policy. Journal of International Business Studies, 1998, 29 (4): 819 – 833.

[153] Rugman, A. M. , & Verbeke, A. Six cases of corporate strategic responses to environmental regulation. European Management Journal, 2000, 18 (4): 377 – 385.

[154] Rugman, A. M. , & Verbeke, A. Extending the theory of the multinational enterprise: Internalization and strategic management perspectives. Journal of International Business Studies, 2003: 125 – 137.

[155] Rugman, A. M. , & Verbeke, A. A perspective on regional and global strategies of multinational enterprises. Journal of International Business Studies, 2004, 35 (1): 3 – 18.

[156] Russo, M. V. , & Fouts, P. A. A resource – based perspective on corporate environmental performance and profitability. Academy of Management Journal, 1997, 40 (3): 534 – 559.

[157] Salancik, G. R. , & Pfeffer, J. The external control of organizations: A resource dependence perspective. 1978. Harper and Row, New York.

[158] Salop, S. C. , & Scheffman, D. T. Raising rivals' costs. American Economic Review, 1983, 73 (2): 267 – 271.

[159] Sembenelli, A., & Siotis, G. Foreign direct investment, competitive pressure and spillovers. An empirical analysis of Spanish firm level data. CEPR Discussion Paper No. 4903, 2005.

[160] Shane, S. Prior knowledge and the discovery of entrepreneurial opportunities. Organization Science, 2000, 11 (4): 448 – 469.

[161] Sharma, S. Managerial interpretations and organizational context as predictors of corporate choice of environmental strategy. Academy of Management Journal, 2000, 43 (4): 681 – 697.

[162] Sharma, S., & Henriques, I. Stakeholder influences on sustainability practices in the canadian forest products industry. Strategic Management Journal, 2005, 26 (2): 159 – 180.

[163] Sharma, S., & Vredenburg, H. Proactive corporate environmental strategy and the development of competitively valuable. Strategic Management Journal, 1998, 19 (8): 729 – 753.

[164] Shrivastava, P. The role of corporations in achieving ecological sustainability. Academy of Management Review, 1995, 20 (4): 936 – 960.

[165] Smarzynska, B. K. Does foreign direct investment increase the productivity of domestic firms?: In search of spillovers through backward linkages. 2002. World Bank, Development Research Group, Trade.

[166] Snir, E. M. Liability as a catalyst for product stewardship. Production and Operations Management, 2001, 10 (2): 190 – 206.

[167] Spicer, A., Dunfee, T. W., & Bailey, W. J. Does national context matter in ethical decision making? An empirical test of integrative social contracts theory. Academy of Management Journal, 2004, 47 (4): 610 – 620.

[168] Stern, D. I., Common, M. S., & Barbier, E. B. Economic growth and environmental degradation: The environmental Kuznets curve and sustainable development. World development, 1996, 24 (7): 1151 – 1160.

[169] Teece, D. J., Pisano, G., & Shuen, A. Dynamic capabilities and strategic management. Strategic Management Journal, 1997, 18 (7): 509 – 533.

[170] Tripsas, M. Unraveling the process of creative destruction: Complementary assets and incumbent survival in the typesetter industry. Strategic Management Journal, 1997, 18 (s 1): 119 – 142.

[171] Tsai, S. H. T., & Child, J. Strategic responses of multinational corporations to environmental demands. Journal of General Management, 1997, 23: 1 – 22.

[172] UNCTAD. The world development report. 2001.

［173］Vachon, S., & Klassen, R. D. Extending green practices across the supply chain：The impact of upstream and downstream integration. International Journal of Operations & Production Management, 2006, 26 (7)：795 – 821.

［174］Vachon, S., & Klassen, R. D. Environmental management and manufacturing performance：The role of collaboration in the supply chain. International Journal of Production Economics, 2008, 111 (2)：299 – 315.

［175］Verbeke, A., Bowen, F., & Sellers, M. Corporate environmental strategy：Extending the natural resource – based view of the firm. 2006. University of Calgary：Calgary.

［176］Vernon, R. In the hurricane's eye：The troubled prospects of multinational enterprises. 1998. Harvard University Press, Boston.

［177］Waddock, S. A., & Boyle, M. E. The dynamics of change in corporate community relations. California Management Review, 1995, 37 (4)：125 – 125.

［178］Walter, I., & Ugelow, J. L. Environmental policies in developing countries. Ambio, 1979, 8 (2/3)：102 – 109.

［179］Wernerfelt, B. A resource – based view of the firm. Strategic Management Journal, 1984, 5 (2)：171 – 180.

［180］Wheeler, D. Racing to the bottom? Foreign investment and air pollution in developing countries. Journal of Environment & Development, 2001, 10 (3)：225 – 245.

［181］Winter, S. G. Understanding dynamic capabilities. Strategic Management Journal, 2003, 24 (10)：991 – 995.

［182］Wokutch, R. E. Nike and its critics：Beginning a dialogue. Organization Environment, 2001, 14 (2)：207 – 237.

［183］Xing, Y., & Kolstad, C. D. Do lax environmental regulations attract foreign investment? Environmental and Resource Economics, 2002, 21 (1)：1 – 22.

［184］Yip, G. S. Total global strategy：Management for worldwide competitive advantage. 1992. Englewood Cliffs, Prentice Hall, New Jersey.

［185］Zollo, M., & Winter, S. G. Deliberate learning and the evolution of dynamic capabilities. Organization Science, 2002, 13 (3)：339 – 351.

［186］Zsidisin, G. A., & Siferd, S. P. Environmental purchasing：A framework for theory development. European Journal of Purchasing & Supply Management, 2001, 7 (1)：61 – 73.

［187］艾春荣，汪伟. 习惯偏好下的中国居民消费的过度敏感性——基于 1995~2005 年省际动态面板数据的分析. 数量经济技术经济研究, 2008, (11)：98 – 114.

［188］北京市西城区恩派非营利组织发展中心. 中国环境领域 NGO 基础调研报告. 2010

[189] 戴荔珠, 马丽, 刘卫东. FDI 对地区资源环境影响的研究进展评述. 地球科学进展, 2008, (01): 55-62.

[190] 邓柏盛, 宋德勇. 我国对外贸易、FDI 与环境污染之间关系的研究: 1995-2005. 国际贸易问题, 2008, (04): 101-108.

[191] 付忠诚. 环境执法中守法成本高、违法成本低产生的原因及解决对策. 化工安全与环境, 2006, (23): 19-20.

[192] 干春晖, 郑若谷, 余典范. 中国产业结构变迁对经济增长和波动的影响. 经济研究, 2011, (05): 4-16.

[193] 戈爱晶, 张世秋. 跨国公司的环境管理现状及影响因素分析. 中国环境科学, 2006, (01): 106-110.

[194] 郭庆宾, 柳剑平. 国外 R&D 溢出的动态效果: 基于我国省际动态面板数据模型的分析. 科学学与科学技术管理, 2011, (11): 57-64.

[195] 黄平. 国际服务接包企业绿色竞争优势生成机理研究. 2011. 复旦大学.

[196] 江小涓. 中国出口增长与结构变化: 外商投资企业的贡献. 南开经济研究, 2002, (02): 30-34.

[197] 焦俊, 李垣. 企业绿色价值链及其持续竞争优势的形成. 科技进步与对策, 2008, (11): 100-104.

[198] 靳娜. 中国 FDI 技术溢出影响因素与渠道分析. 2011. 重庆大学.

[199] 靳娜, 傅强. 吸收能力和贸易政策对 FDI 技术溢出的影响分析——基于中国工业部门面板数据的实证研究. 南开经济研究, 2010, (06): 113-122.

[200] 胡美琴. 在华跨国公司生态环境管理影响因素研究. 2007. 复旦大学.

[201] 胡美琴, 骆守俭. 跨国公司绿色战略及对中国的影响. 华东经济管理, 2007, (05): 70-73.

[202] 湖南省商务厅. 跨国公司在湖南省的低碳·绿色投资发展报告. 2011. http://llc.hunancom.gov.cn/swdy/231536.htm.

[203] 胡舜, 邓勇. 基于 FDI 的污染密集产业跨国转移研究. 湖南农业大学学报 (社会科学版), 2008, (02): 66-69.

[204] 李斌, 赵新华. 经济结构、技术进步、国际贸易与环境污染——基于中国工业行业数据的分析. 山西财经大学学报, 2011, (05): 1-9.

[205] 刘和东. 国际贸易与 FDI 技术溢出效应的实证研究——基于吸收能力与门槛效应的分析视角. 科学学与科学技术管理, 2012, (02): 30-36.

[206] 刘淑琪. 我国引进外资过程中的污染转移问题研究. 山东财政学院学报, 2001, (01): 46-49.

[207] 刘红梅. FDI 与中国环境质量的关系研究. 2006. 华中科技大学.

[208] 刘红旗，陈世兴. 产品绿色度的综合评价模型和方法体系. 中国机械工程，2000，(09)：62 - 65.

[209] 罗双临，戴育琴，欧阳小迅. 跨国公司在华供应链社会责任管理分析. 华东经济管理，2009，(04)：83 - 86.

[210] 吕立新，梁艳，彭灿. 基于 Fuzzy-AHP 模型的企业绿色供应链的绿色度评价. 科技和产业，2008，(03)：1 - 5.

[211] 马昌博，徐楠，马捷婷，刘宇翔，马宁宁. 烦人的跨国公司在华污染现状. 美洲文汇周刊第，2006，321 期.

[212] 马明申. 美国对华直接投资的外溢效应研究. 2007. 厦门大学.

[213] 马军，张智康，王晶晶，阮清鸳. 绿化中国的供应链：在华供应商改进环境表现的实践经验. 2010. 公众环境研究中心报告

[214] 孟晓飞，刘洪. 绿色管理塑造企业绿色竞争优势. 华东经济管理，2003，(04)：77 - 79.

[215] 彭海珍. 影响企业绿色行为的因素分析. 暨南学报（哲学社会科学版），2007，(02)：53 - 58.

[216] 沈坤荣，孙文杰. 市场竞争、技术溢出与内资企业 R&D 效率——基于行业层面的实证研究. 管理世界，2009，(01)：38 - 48.

[217] 沈灏，魏泽龙，苏中锋. 绿色管理研究前沿探析与未来展望. 外国经济与管理，2010，(11)：18 - 25.

[218] 宋婷婷，李蜀庆. 外商投资企业对中国环境的影响. 环境科学与管理，2007，(12)：190 - 194.

[219] 孙少勤，邱斌. 全球生产网络条件下 FDI 的技术溢出渠道研究——基于中国制造业行业面板数据的经验分析. 南开经济研究，2011，(04)：50 - 66.

[220] 唐凡，汪传雷，邱灿华. 供应链管理的绿色度评价实证研究——基于安徽省企业的统计分析. 科技进步与对策，2009，(18)：121 - 128.

[221] 田侃，李泽广，陈宇峰. "次优" 债务契约的治理绩效研究. 经济研究，2010，(08)：90 - 102.

[222] 王红领，李稻葵，冯俊新. FDI 与自主研发：基于行业数据的经验研究. 经济研究，2006，(02)：44 - 56.

[223] 王津港. 动态面板数据模型估计及其内生结构突变检验理论与应用. 2009. 华中科技大学.

[224] 汪锦军. 浙江政府与民间组织的互动机制：资源依赖理论的分析. 浙江社会科学，2008，(09)：31 - 37.

[225] 王铁山. 跨国公司在华社会责任与公关行为关系的实证研究——以医药企业为例.

预测, 2009, (04): 16 - 21.

[226] 魏浩. 国内企业与跨国公司的关联状况及提升策略. 国际经济合作, 2007, (09): 19 - 23.

[227] 魏彦莉. FDI 后向关联对本土企业创新能力影响机制研究. 2009. 天津大学.

[228] 夏友富. 外商转移污染密集产业的对策研究. 管理世界, 1995, (02): 112 - 120.

[229] 夏友富. 外商投资中国污染密集产业现状、后果及其对策研究. 管理世界, 1999, (03): 109 - 123.

[230] 徐鹤, 陈海英, 廖卓玲. 外商直接投资与我国环境安全研究综述. 中国地质大学学报 (社会科学版), 2007, (04): 21 - 26.

[231] 薛求知. 跨国公司新理论. 2007. 上海: 复旦出版社.

[232] 薛求知, 高广阔. 跨国公司生态态度和绿色管理行为的实证分析——以上海部分跨国公司为例. 管理世界, 2004, (06): 106 - 112.

[233] 杨东宁, 周长辉. 企业自愿采用标准化环境管理体系的驱动力: 理论框架及实证分析. 管理世界, 2005, (02): 85 - 95.

[234] 杨育谋. 怎样打造企业的"绿色竞争力". 2009. 中国管理传播网. http://manage. org. cn/observe/200912/68890. html.

[235] 袁瑛. 绿顶商人: 股市的绿公司, 没了政府补贴, 他们还剩什么?. 2012. 南方周末.

[236] 赵细康. 论贸易、经济与环境保护的关系. 广东社会科学, 2002, (01): 56 - 60.

[237] 朱庆华, 窦一杰. 基于政府补贴分析的绿色供应链管理博弈模型. 管理科学学报, 2011, (06): 86 - 95.

[238] 周烨彬. 金佰利: 用绿色关爱未来. 2010. 商务周刊.

[239] 张艳, 贾海霞. 企业"绿色度"的模糊评价模型与应用. 环境科学与管理, 2005, (03): 104 - 106.

[240] 中华环保联合会. 2008 年民间环保组织发展状况报告. 2008.

[241] 国务院新闻办. 《中国的环境保护 (1996—2005)》白皮书. 2006.